U0258540

见识城邦

更 新 知 识 地 图　　拓 展 认 知 边 界

BIG HISTORY

万物大历史

最初的人类是谁

[韩]金幼美 [韩]朴素英 著 [韩]郑元桥 绘 黄进财 译 曹辰星 校译

中信出版集团｜北京

图书在版编目（CIP）数据

最初的人类是谁 /（韩）金幼美,（韩）朴素英著；
（韩）郑元桥绘；黄进财译 . -- 北京：中信出版社，
2022.5

（万物大历史；10）

ISBN 978-7-5217-3702-8

Ⅰ . ①最… Ⅱ . ①金… ②朴… ③郑… ④黄… Ⅲ .
①古人类学－少年读物 Ⅳ . ① Q981-49

中国版本图书馆 CIP 数据核字（2021）第 217692 号

Big History vol.10
Written by Yumi KIM, Soyoung PARK
Cartooned by Wonkyo JUNG
Copyright © Why School Publishing Co., Ltd.- Korea
Originally published as "Big History vol. 10" by Why School Publishing Co., Ltd., Republic of Korea 2016
Simplified Chinese Character translation copyright © 2021 by CITIC Press Corporation
Simplified Chinese Character edition is published by arrangement with Why School
Publishing Co., Ltd. through Linking-Asia International Inc.
All rights reserved.
本书仅限中国大陆地区发行销售

最初的人类是谁

著者：　　[韩] 金幼美　[韩] 朴素英
绘者：　　[韩] 郑元桥
译者：　　黄进财
校译：　　曹辰星
出版发行：中信出版集团股份有限公司
　　　　　（北京市朝阳区惠新东街甲 4 号富盛大厦 2 座　邮编　100029）
承印者：　天津丰富彩艺印刷有限公司

开本：880mm×1230mm　1/32　　　印张：6.25　　字数：110 千字
版次：2022 年 5 月第 1 版　　　　　印次：2022 年 5 月第 1 次印刷
京权图字：01-2021-3959　　　　　　书号：ISBN 978-7-5217-3702-8
定价：58.00 元

版权所有·侵权必究
如有印刷、装订问题，本公司负责调换。
服务热线：400-600-8099
投稿邮箱：author@citicpub.com

大历史是什么？

为了制作"探索地球报告书"，具有理性能力的来自织女星的生命体组成了地球勘探队。第一天开始议论纷纷。有的主张要了解宇宙大爆炸后，地球是从什么时候、怎样开始形成的；有的主张要了解地球的形成过程，就要追溯至太阳系的出现；有的主张恒星的诞生和元素的生成在先，所以先着手研究这个问题。

在探索过程中，勘探家对地球上存在的多样生命体的历史产生了兴趣。于是，为了弄清楚地球是在什么时候开始出现生命的，并说明生命体的多样性和复杂性，他们致力于研究进化机制的作用过程。在研究过程中，他们展开了关于"谁才是地球的代表"的争论。有人认为存在时间最长、个体数最多、最广为人知的"细菌"应为地球的代表；有人认为亲属关系最为复杂的白蚁才是；也有人认为拥有最强支配能力的智人才是地球的代表。最终在细菌与人类的角逐战中，人类以微弱的优势胜出。

现在需要写出人类成为地球代表的理由。地球勘探队决定要对人类怎样起源、怎样延续、未来将去往何处进行调查和研究，找出人类的成就以及影响人类的因素是什么，包括农耕、城市、帝国、全球网络、气候、人口增减、科学技术和工业革命等。那么，大家肯定会好奇：农耕文化是怎样促使人类的生活产生变化的？世界是怎样连接的？工业革命是怎样改变人类历史的？……

地球勘探队从三个方面制成勘探报告书，包括："从宇宙大爆炸到地球诞生"、"从生命的产生到人类的起源"和"人类文明"。其内容涉及天文学、物理学、化学、地质学、生物学、历史学、人类学和地理学等，把涉及的知识融会贯通，最终形成"探索地球报告书"。

好了，最后到了决定报告书标题的时间了。历尽千辛万苦后，勘探队将报告书取名为《大历史》。

外来生命体？地球勘探队？本书将从外来生命体的视角出发，重构"大历史"的过程。如果从外来生命体的视角来看地球，我们会好奇地球是怎样产生生命的、生命体的繁殖系统是怎样出现的，以及气候给人类粮食生产带来了哪些影响。我们不禁要问："6 500万年前，如果陨石没有落在地球上，地球上的生命体如今会怎样进化？""如果宇宙大爆炸以其他细微的方式进行，宇宙会变成什么样子？"在寻找答案的过程中，大历史产生了。事实上，通过区分不同领域的各种信息，融合相关知识，并通过"大历史",我们找到了我们想要回答的"宇宙大问题"。

大历史是所有事物的历史,但它并不探究所有事物。在大历史中,所有事物都身处始于137亿年前并一直持续到今天的时光轨道上,都经历了10个转折点。它们分别是137亿年前宇宙诞生、135亿年前恒星诞生和复杂化学元素生成、46亿年前太阳系和地球生成、38亿年前生命诞生、15亿年前性的起源、20万年前智人出现、1万年前农耕开始、500多年前全球网络出现、200多年前工业化开始。转折点对宇宙、地球、生命、人类以及文明的开始提出了有趣的问题。探究这些问题,我们将会与世界上最宏大的故事相遇,宇宙大历史就是宇宙大故事。

因此,大历史不仅仅是历史,也不属于历史学的某个领域。它通过开动人类的智慧去理解人类的过去和现在,它是应对未来的融合性思考方式的产物。想要综合地了解宇宙、生命和人类文明的历史,就必然涉及人文与自然,因此将此系列丛书简单地划分为文科和理科是毫无意义的。

但是,认为大历史是人文和科学杂乱拼凑而成的观点也是错误的。我们想描绘如此巨大的图画,是为了获得一种洞察力,以便贯穿宇宙从开始到现代社会的巨大历史。其洞察中的一部分发现正是在大历史的转折点处,常出现多样性、宽容开放、相互关联性以及信息积累的爆炸式增长。读者不仅能通过这一系列丛书，在各本书也能获得这些深刻见解。

阅读和学习"万物大历史"系列丛书会有什么不同呢？当然是会获得关于宇宙、生命和人类文明的新奇的知识。此系列丛书不是百科全书，但它包含了许多故事。当这些故事以经纬线把人文和科学编织在一起时，大历史就成了宇宙大故事，同时也为我们提供了一个观察世界、理解世界的框架。尽管想要形成与来自织女星的生命体相同的视角可能有点困难，但就像登上山顶俯瞰世界时所看到的巨大远景一样，站得高才能看得远。

但是，此系列丛书向往的最高水平的教育是"态度的转变"，因为通过大历史，我们最终想知道的是"我们将怎样生活"。改变生活态度比知识的积累、观念的获得更加困难。我们期待读者能够通过"万物大历史"系列丛书回顾和反省自己的生活态度。

大历史是备受世界关注的智力潮流。微软的创始人比尔·盖茨在几年前偶然接触到了大历史，并在学习人类史和宇宙史的过程中对其深深着迷，之后开始大力投资大历史的免费在线教育。实际上，他在自己成立的 BGC3（Bill Gates Catalyst 3）公司将大历史作为正式项目，之后还与大历史企划者之一赵智雄的地球史研究所签订了谅解备忘录。在以大卫·克里斯蒂安为首的大历史开拓者和比尔·盖茨等后来人的努力下，从 2012 年开始，美国和澳大利亚的 70 多所高中进行了大历史试点项目，韩国的一些初、高中也开始尝试大历史教学。比尔·盖茨还建议"青少年应尽早学习大历史"。

经过几年不懈努力写成的"万物大历史"系列丛书在这样的潮流中，成为全世界最早的大历史系列作品，因而很有意义。就像比尔·盖茨所说的那样，"如今的韩国摆脱了追随者的地位，迈入了引领国行列"，我们希望此系列丛书不仅在韩国，也能在全世界引领大历史教育。

李明贤　　赵智雄　　张大益

祝贺"万物大历史"系列丛书诞生

　　大历史是保持人类悠久历史,把握全宇宙历史脉络以及接近综合教育最理想的方式。特别是对于 21 世纪接受全球化教育的一代学生来讲,它显得尤为重要。

　　全世界范围内最早的大历史系列丛书能在韩国出版,并且如此简洁明了,这让我感到十分高兴。我期待韩国出版的"万物大历史"系列丛书能让世界其他国家的学生与韩国学生一起开心地学习。

　　"万物大历史"系列丛书由 20 本组成。2013 年 10 月,天文学者李明贤博士的《世界是如何开始的》、进化生物学者张大益教授的《生命进化为什么有性别之分》以及历史学者赵智雄教授的《世界是怎样被连接的》三本书首先出版,之后的书按顺序出版。在这三本书中,大家将认识到,此系列丛书探究的大历史的范围很广阔,内容也十分多样。我相信"万物大历史"系列丛书可以成为中学生学习大历史的入门读物。

　　大历史为理解过去提供了一种全新的方式。从 1989

年开始，我在澳大利亚悉尼的麦考瑞大学教授大历史课程。目前，在英语国家，大约有 50 所大学开设了大历史课程。此外，在微软创始人比尔·盖茨的热情资助下，大历史研究项目团体得以成立，为全世界的青少年提供免费的线上教材。

如今，大历史在韩国备受关注。2009 年，随着赵智雄教授地球史研究所的成立，我也开始在韩国教授大历史课程。几年来，为促进大历史在韩国的传播，我们付出了许多心血，梨花女子大学讲授大历史的金书雄博士也翻译了一系列相关书籍。通过各种努力，韩国人对大历史的认识取得了飞跃式发展。

"万物大历史"系列丛书的出版将成为韩国中学以及大学里学习研究大历史体系的第一步。我坚信韩国会成为大历史研究新的中心。在此特别感谢地球史研究所的赵智雄教授和金书雄博士，感谢为促进大历史在韩国的发展起先驱作用的李明贤教授和张大益教授。最后，还要感谢"万物大历史"系列丛书的作者、设计师、编辑和出版社。

2013 年 10 月

大历史创始人　大卫·克里斯蒂安

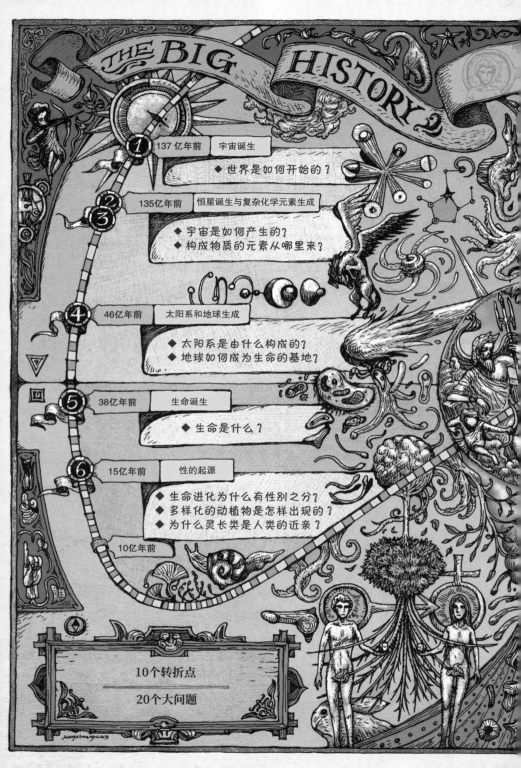

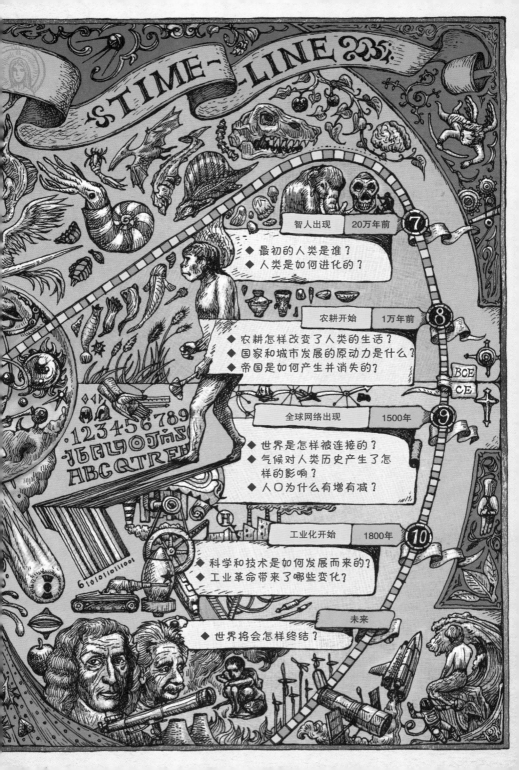

目录

露西，她是谁

 拓展阅读

从类人猿到人类

人类进化的谱系图

4

寻找最初的智人

5

智人，飞跃的时代

 拓展阅读

6

我们是连接在一起的

寻找最初的人类

最初的人类是谁？有人会想到电影《猩球崛起》中类人猿的样子，有人会想到五大三粗的古人类（本书将智人以前的人类祖先统称为古人类），还有人会想到南方古猿这个说法。尽管模糊不清，但我们心中都有答案。"最初的人类是谁？"这个问题你可能已经听到厌烦，但在大历史中，这是一个非常重要的问题。这是因为在宇宙大爆炸后长达137亿年的漫长旅程中，人类的出现与此前的转折点有着不一样的意义。

纵观大历史，在人类出现之前，那些转折点都是自然出现的，如宇宙诞生、元素生成、太阳系和地球诞生，以及生命的出现，都是长时间内无数偶然叠加才能产生的变化。人类的出现也是如此，为在自然选择中生存下来，积累突变，逐步进化。

但是随着人类的出现，曾经掌控大历史流向的偶然性，变成了因人类行为而改变的因果关系。最初的人类得到进化，通过大规模的合作与集体学习来发展文明，开始农耕，几千年后，全球网络形成，实现了工业化。也就是说，人类文明的转折点不是自然现象，而是人类自主创造的。寻找最初人类的旅程，也是揭示引起这些变化的人类特征的过程。

根据现有的生物体系和物种分类标准，可知人类属于动物界-脊索动物门-脊椎动物亚门-哺乳纲-灵长目-人科-人属-智人种。灵长类（专业的叫法是"灵长目"）分为小型类人猿（长臂猿科）和包括人类在内的大型类人猿，后者还可细分为人科和猩猩科，下有人属、大猩猩属、黑猩猩属、猩猩属等。同属大型类人猿的黑猩猩和人类虽然看似完全不同，但其实有 99% 的基因都是一样的。（虽然人类属于大型类人猿，但本书中所指的类人猿都意为"不是人类的类人猿"。）人类的祖先在700 万年前～600 万年前从灵长类中分化出来，人属出现于 250 万年

人属

包括从能人到智人的多个物种。在大历史中，人科大致分为南方古猿属和人属。"Homo"（人属的拉丁学名）一词是林奈在1758 年首次使用的。

前，智人则出现于大约 20 万年前。

那么，最初的人类是谁呢？我们将要在过去 600 万年里寻找祖先们留下的模糊踪迹。寻找最初的人类并不是一件简单的事，通过化石和遗迹推测年代这种传统方式，无异于大海捞针，而且由于年代久远，这根针已经快和大海融为一体了，因此需要我们付出更多的努力。就算发掘出化石和遗迹，也很难对新发现一一排序，只是在历史长河中插了一面标示其存在的旗帜而已。随着分子生物学的不断发展，以基因分析为基础进行研究，人类进化的脚印逐渐呈现在实验室里，而不是考古现场，但考古发掘依旧重要，因为基因分析是基于从化石中提取的 DNA（脱氧核糖核酸）。化石分析和基因研究仍然难以分析出古人类的瞳孔颜色、衣服、使用的语言和唱过的歌，尽管如此，古人类学家的研究成果依然对人类具有重大意义。这样的化石研究和基因分析方式能为我们提供有关祖先的生存时间、地点和方式的重要线索，尤其是基因分析能具体得出古人类的生存年代，可惜的是，由于在地下埋藏得太久，遗传物质难以完整保存。掌握大历史的整体走向十分重要，因此我们要以化石为中心推断时间点。

在古人类学中，为揭示人类起源迈出的第一步是1974 年露西的发现。这位生活在 320 万年前的女性，经过了漫长的岁月，骨骼依然以近乎完整的状态保存了下

来。露西是类人猿和人类之间的纽带，通过她，古人类学家们才能对生活在树上的类人猿如何来到地上、类人猿和人类在解剖学上有何差异、古人类面对突如其来的环境变化如何不断进化并得以生存等诸多问题进行研究。不仅专家学者们投身研究，越来越多的普通人也对我们是谁、我们来自何处等问题产生了兴趣。

那么，露西是最古老的人类祖先吗？结论是露西虽然是人类的祖先，但不是最初的人类。"人类"这个词被用于区分人类与其他动物，从生物分类学的角度来看，现在的我们指的是智人，因此最初的人类是最初的智人。我们会思考、利用复杂工具、用语言沟通、形成社会网络，并且过着集体生活，首先具备这些特征的就是智人，从遗传角度来看我们也是那个智人的后代。当然，这些人类特征并不是同时出现的。

很久以前的某一天，灵长类动物来到地上，开始直立

行走，人类进化的时钟也随之开始运转。直立行走是最先出现的人类特征，之后有人举起拳头大小的石头一番乱敲，使其变得有用，工具便出现了。尽管在几百万年里，石器的水平没有太大发展，但在每个有古人类痕迹的地方，考古人员都发现了石器。而且，虽然那时的古人类尚称不上智慧，但脑容量已开始增加，人类的身体结构朝着头部变大的方向进化，尽管这在自然选择中不是那么有利。与此相伴的还有饮食习惯的改变。这样进化的结果就是人类以和其他动物有些许不同的方式生存了下来，通过合作形成集体，一边交换信息，一边机敏地适应环境，有时会根据需要大胆改变现有的生活方式，或是离开一直居住的地方。人类进化的时钟虽然走得很慢，却在不断累积人类的特征。

那么，为什么其他古人类全部消失，只有智人生存了下来呢？寻找这个问题的答案的过程，就如同观看一部电影一般，我们能从中了解智人是如何扩散到全球，成为人类祖先的。不仅如此，我们还能了解到智人的飞跃、人类智慧的出现、语言的使用、大规模合作和远程交易的实现过程以及人类文明的起源，最后回顾古人类学家们寻找人类起源的整个旅程。

最初的人类具有重要的意义，我们在研究时要铭记永远不放过任何可能性。新研究可能推翻了之前的研究结果，从而成为争论的对象，而且新的可能性还会不断出现，比如光是人类的谱系就有 10 多种学说。正如前文中所说的，寻找最初的人类只能凭借很少的证据和科学的帮助，因此每个新证据的出现都是对现有学说和证据的一次完善。正在看这本书的读者也有可能发现一些足以支持或是推翻现有研究成果的证据。

那么，现在一起去寻找最初的人类吧。

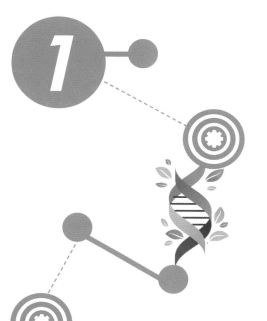

露西，她是谁

直到 19 世纪中期，人类一直被当作神的造物，且几乎没有人对此提出异议。从各个国家的神话来看，大部分涉及人类起源的故事讲述的都是那个时期人们崇拜的动物变成了人，或是神仙下凡建立了国家。

可是化石的接连发现引起了人们的好奇。人类的起源是什么？最初的祖先是在哪里，以什么样子出现的呢？经过了怎样的曲折变化，才变成了现在的样子呢？我们想知道的事越来越多。

在按顺序说明人类进化谱系之前，我要先谈一下是通过什么事，人们才提出了人类存在的本质这一根本性问题。这一步的迈出，得益于被埋在地下数百万年的某个男孩的头骨。

关于人类起源的提问

1856 年，一群矿工在德国杜塞尔多夫的尼安德特谷发现了奇怪的骸骨，他们将其交给了当时的博物学家福勒特。福勒特和解剖学家沙夫豪森共同对骸骨进行研究后，判断它是在凯尔特人和日耳曼人出现之前，生活在北欧地区的其他种族的化石。1868 年，在法国发现了克罗马农人化石，学者们逐渐开始关注人类的祖先。

1893 年，荷兰的尤金·杜巴斯在印度尼西亚的爪哇岛发现了爪哇人，这成为证明人类进化的决定性证据。此后，随着大量化石被发现，科学家们相信某个地方一定存在同时具备类人猿和人类特征的化石，并开始在非洲进行发掘工作。

雷蒙德·达特就是秉持这种信念的代表性人物。1924 年，达特听说在南非塔翁发现了看似很古老的遗骨，便耐心等待着化石送来。箱子送到了达特的研究室，里面装的是一块石灰岩。在看到的瞬间，达特就认出那是头骨的一部分，并耗费了 73 天的时间复原头骨。据推测，这块化石为六岁左右小孩的头骨。

这个小孩和幼年黑猩猩面部大小相似，但额头呈圆形突出状，这与黑猩猩的头骨有所不同。他刚长出的臼齿比门齿更大，因此比起黑猩猩，他更接近于人类。达特还在

塔翁幼儿与黑猩猩的头骨比较

塔翁幼儿（也称"汤恩幼儿"）的头骨（左）和黑猩猩头骨（右）相比，额头更高更圆，犬齿不尖锐

头骨底部发现了更具决定性的线索。头骨上有一个孔，连接脊椎和头骨的神经从中穿过，被称为枕骨大孔。大部分动物的枕骨大孔都在头骨后侧，但这块化石的枕骨大孔却位于底部，这就是化石主人直立行走的证据。不仅如此，化石形成时间已超过 100 万年，是当时发现的直立行走化石中历史最久远的。达特将这块化石命名为"南方古猿非洲种"，他还有个更有名的名字，叫作"塔翁幼儿"。

这个南方古猿真的是人类的祖先吗？就因为他会直立

行走，就是我们的祖先吗？仅凭几百万年前的一块与人类相似的头骨，很难吸引其他科学家的视线，当时的科学家都认为塔翁幼儿只是黑猩猩的头骨，因此并不关心。

过了 10 多年，塔翁幼儿再次得到关注。1937 年，罗伯特·布鲁姆在南非发现了有 150 万年以上历史的南方古猿头骨。这个化石和塔翁幼儿又有所不同，下颌与臼齿大而坚固，头部上方有像角一样突出的部分。可以看出这块头骨的主人吃的都是像树根一样硬质多纤维的食物，才会有肌肉连接头骨与下颌。这块化石取"坚强"之意，被命名为"南方古猿粗壮种"。

因布鲁姆的发现，塔翁幼儿也再次受到关注。只找到一块化石时，可以称之为偶然，但在相近的地质时期，在同一地点发现了两块化石，从科学角度更加令人信服。布鲁姆的发现，终于令人们产生了数百万年前也有与人类相似的生命体用双脚直立行走的想法。

1959 年，路易斯·利基与妻子玛丽·利基在东非发现了南方古猿粗壮种的化石。不久后，玛丽·利基又在奥杜威峡谷发现了南方古猿鲍氏种化石。与布鲁姆发现的南方古猿粗壮种相比，这块化石的下颌和臼齿都明显更大（可能是为食用坚果、种子而生），因此有了"剥核桃的人"这一外号。这块化石形成于 200 万年前，尽管不是人类的直属祖先，但在当时是已知最古老的南方古猿化

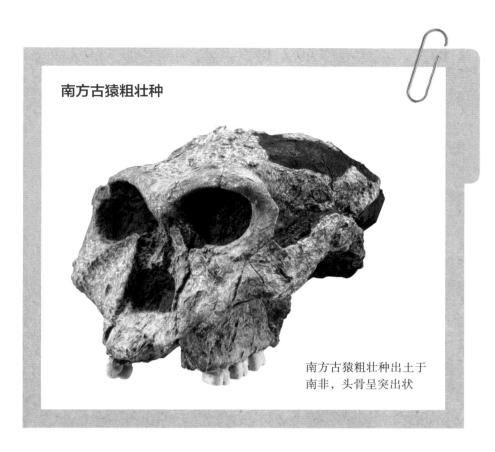

南方古猿粗壮种

南方古猿粗壮种出土于南非，头骨呈突出状

石。塔翁幼儿和南方古猿粗壮种的化石都是在非洲南部被发现的，而"剥核桃的人"是发现于非洲东北部，这一事实也备受世人关注。正是在这以后，研究发现，南方古猿的生活范围是整个非洲。

多亏利基夫妇，东非作为最适合挖掘人类化石的地方为世人所知。自路易斯·利基在东非发现古老的化石后，众多古人类学家便争先恐后地涌往东非大裂谷，乔纳森也是其中一员。

奥杜威峡谷

从亚洲西南部的约旦到非洲东南部的莫桑比克，有一条因火山活动形成的裂谷，名为东非大裂谷。几千年前，地层断裂形成了许多从数十米到数百米高度不一的峡谷。由于地壳运动，地层如三明治一般层层显露在外，考古人员因此发现了大量化石。

奥杜威峡谷位于东非大裂谷之中，属于高原地带，和现在不同的是，200万年前这里有一条大河。河水中的沙土等

慢慢开始堆积，偶尔还有从附近火山飘来的火山灰。某一天，一场大地震导致大地开裂，河水枯竭，经过漫长岁月形成的地层露出地面，才形成了现在的样子。由于地震导致地层原封不动地露出，和其他遗址相比，考古学家们在这里能更容易地找到原本埋在地下的东西。

1911 年，德国的一位昆虫学家在这里发现了有三根脚趾的马骨，由于这种三趾马已经灭绝，又是第一次在非洲被发现，所以奥杜威峡谷的名声很快传遍了欧洲学界。

发掘出土的露西遗骨

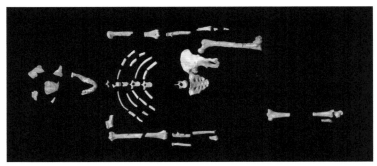

露西的头部比棒球略大，据推测，其身高约为 1 米，年龄为 25～30 岁，应为自然死亡

露西的发现

1974 年，唐纳德·乔纳森和汤姆·格雷正在东非大裂谷进行勘察。在炎热天气中长时间进行勘察使得他们疲惫不堪，正准备收工之时，乔纳森发现倾斜的地面上似乎有什么东西突了出来。两人在那周围不仅挖掘出了手臂、大腿和后脑部位的骨骼化石，还有胸部、背部的骨骼化石及一部分股骨。

一般在挖掘拥有 100 万年以上历史的化石时，很难发

露西的发现地

现完整的骨骼。因为时间越久，骨骼就越容易被损坏，所以顶多只能挖掘出一小块头骨或腿骨，且复原工作也很耗时耗力。但是这两人一次性发现了占整个人体骨架40%的骨骼化石，且形成时间足足有320万年。

乔纳森一行在庆祝成功挖掘出化石的派对上，听到披头士乐队的歌曲《露西在缀满钻石的天空中》，因此给化石的主人取名为"露西"。

露西是自生命出现以来，人类发现的化石中最有名的化石之一。这是因为她向正在寻找最初人类的我们展现了人类最早开始进行直立行走的模样。

目前地球上的人类数量约为 70 亿。随着人类开始学习知识，并通过集体学习传授文化，在自我认同上人类有了更多困惑。我们是谁？我们来自何处？这也是我们对自身起源的疑问。

1859 年，达尔文发表了《物种起源》，人们的思想也随之有所改变，认为人类也是进化的产物。许多证据表明，在 38 亿年前，最初的生命体出现后分化为多个物种。进化论提出所有生命都有同一个祖先，这推翻了数千年来根深蒂固的神创论。但灵长类出现人类独有特征的时间依然没有定论。

直到现在，科学家们仍然在不断提出"我们是如何进化为与类人猿有着不同特征的人类的""为什么人属中只有智人存活了下来"等问题，并在非洲、欧洲和中国等地进行勘察。

回溯人类谱系，我们最古老的祖先是什么时候出现的呢？大多数古人类学家认为，最先跳下树枝的灵长类，应该是在约 600 万年前出现于非洲。当时的非洲气候温暖，食物丰富，为这群刚登上舞台的生物提供了适合繁衍的环境条件。在东非发现的露西也为这种假说提供了多条线索。

露西同时具备黑猩猩和人类的特征。她的脑重约 400 克，身高刚过 1 米，这些特点都与黑猩猩相似。但露西身上还具备人类的特征。

露西的门齿和犬齿偏大，与黑猩猩相似，但牙齿的整体排列却与黑猩猩不同。类似黑猩猩这样的类人猿，牙齿排列呈 U 字形，且宽度一致；而人的牙齿排列是呈 V 字形，越靠里面，宽度越大，露西的牙齿正是这种排列形式。因此我们可以将她看作处于黑猩猩与人类之间的过渡阶段的个体。

同时，从露西的髋骨、股骨和膝盖骨可以清楚地看出她曾经用双脚行走。类人猿的膝盖骨横切面呈圆形，露西则几乎和人类一样呈三角形；类人猿由于是用四足行走，股骨垂直于地面，髋骨也为竖直状，但如果是直立行走，股骨到膝盖骨应该向外倾斜，髋骨也要向外伸展开，才能支撑内脏。露西的股骨和髋骨都更贴近于人类。和用四足行走的黑猩猩不同，露西不仅能够直立行走，还能自由地使用手，因此可以推测出她也会使用工具。

在发现露西之前，关于 100 万年前的古人类能否直立行走一直争议不断，而露西的出现证明，至少生活在 300 万年前的人类祖先已经会直立行走，从而使持续了 30 年以上的争论得以平息，同时也成为灵长类这一分支分化出

黑猩猩、露西和人类的腿骨

黑猩猩

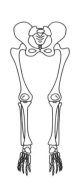

南方古猿（露西）

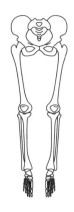

人类

露西的髂骨、股骨和膝盖骨都处于从黑猩猩进化为人类的过程之中

类人猿和人类的证据。

但是，仅凭化石很难确定露西是和现在的人类一样，直立行走且完全生活在地面，还是依然生活在树上。这是因为除了直立行走的痕迹之外，露西的其他特征都与黑猩猩十分相似。

就在 2000 年，古人类学家在距露西发现地不远的地方，发现了似为 3 岁小女孩的南方古猿阿法种化石。发

塞拉姆的化石

在埃塞俄比亚东北部的迪基卡出土的塞拉姆的肩胛骨（左）与头骨（右）化石

掘时，化石的头部和肩部保存完整，科学家们取"和平"之意，为她取名为"塞拉姆"。一开始，有许多学者认为塞拉姆就是露西，但发掘团队在《自然》上发表论文，称塞拉姆比露西更古老，她大约生活在330万年前。

塞拉姆的骨头保存完整，且被埋在柔软的砂岩之下，据推测，塞拉姆是被洪水淹死的。塞拉姆的发掘工作需要考古人员将沙子一颗一颗地刮出，要求十分精细，因此花费了5年的时间。一般来说，假如遗骸的肩胛骨很薄，就很难形成化石，但研究团队完成了这项难度极大的工作，

基因共有

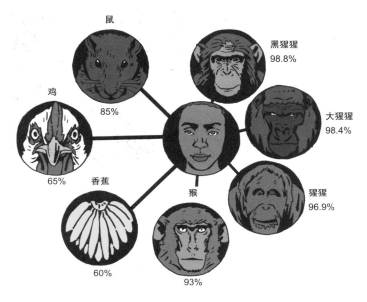

鼠

黑猩猩
98.8%

鸡

大猩猩
98.4%

85%

猩猩
96.9%

香蕉

猴

65%

60%

93%

人类与其他物种有许多基因是共有的。地球生命体能共有这么多基因，证明它们都由同一位祖先进化而来

发掘出了几乎保存完整的肩胛骨化石。

　　研究团队将塞拉姆的肩胛骨与黑猩猩、大猩猩、猩猩和人类的肩胛骨进行了大范围的比较分析，发现塞拉姆的肩胛骨更贴近于类人猿，更适合在树上生活；而其盆骨、腿骨和趾骨都有着明显的直立行走的痕迹。这意味着南方

古猿阿法种既在树上生活，又会直立行走，处于类人猿向人类进化的过渡阶段。

人类祖先是从什么时候开始到地上生活的？这在人类进化史中是一个非常重要的问题。塞拉姆的肩胛骨与猴子的相似，这证明了南方古猿阿法种会爬树，且一直在树上生活。而从盆骨、腿骨和趾骨的特征来看，也有直立行走的可能性。因此可以推测出塞拉姆和露西虽然会直立行走，但是依然生活在树上。这是证明人类进化存在中间过程的重要证据。

寻找生命体
的共同祖先

  我是如何诞生于这个世界的？当然，是妈妈生下了我。那妈妈又是如何诞生的呢？这样不断追溯到最后，自然就是"人类的祖先是谁"这个问题。那么，最初的人类是如何诞生的呢？要回答这个问题，必须追溯到很久以前。

  137亿年前，因宇宙大爆炸的发生，出现了空间、时间和物质能量，很久之后又出现了太阳系和地球。不论是构成大气的物质，还是温度，最初的地球和现在都大不相同。

  生命起源于化学物质，原始地球上单一的化学物质暴露在闪电等高能下，合成了新的物质（构成蛋白质的氨基酸）。这种物质持续在海洋中堆积，经过漫长的时间，形成了复杂有机物，我们将这种海洋称为

原始汤。原始汤中含有多种有机物。各种化学反应不断生成新的物质，某天偶然产生了能进行自我复制的分子，然后才有最初的细胞。

之后，原核生物出现，并进化为体积更大、结构更复杂的真核生物。很久以后，多细胞生物出现，并通过自然选择和变异进化出更加多样的生物。因此不论是动物还是植物，又或是最初的人类，都是从原始汤里的氨基酸开始的。

自然选择
在同种生物个体之间的生存竞争中，更能适应环境的个体生存概率更大，后代数量更多。

从类人猿到人类

人类基因组计划发现人类与黑猩猩的基因相似度为99%。不仅如此，两者的形态特征（性状）和疾病也有着相似之处，都会使用工具，且都集体生活，月经周期及怀孕时间也很相似。那么，这1%的遗传差异给两个群体带来了怎样的影响呢?

从外表来看，类人猿与人类的一个巨大区别是，只有人类可以站直，并长时间用双脚走动。人属动物身上的毛在不断减少，尤其是智人，且只有人类会利用火烹制食物。

人类基因组计划

通过解读拥有人类遗传信息的基因组，制作基因图谱，对基因序列进行研究分析的工作。

生活在树上的类人猿

从左至右分别是黑猩猩、大猩猩、猩猩和倭黑猩猩。黑猩猩与人类最相似，尽管体格较大，依然能利用长长的前肢和后肢生活在树上

来到地上的类人猿

在动物园中，可以看到黑猩猩和猴子利用长臂爬树的场景。仔细观察黑猩猩的动作，可以看出它能随心所欲地利用长长的前肢和后肢在树木之间来去。过去，类人猿的移动方式也与这并无大异。

那么，原本生活在树上的类人猿，是从什么时候开始来到地上直立行走的呢？它们为什么一定要来到地上呢？直到现在依然有许多不同的意见，但学者们考虑到当时的环境和地形变化，认为最主要的原因是当时的地壳运动引发了非洲大陆的气候变化。

地壳运动

地壳由于地球内部原因开始运动，伴随着火山爆发和地震等，地壳出现形变。

各相邻板块会碰撞或分离。板块边界大部分位于海底，但非洲板块边界却穿行于大陆，非常特别。大约 2 000 万年前，从埃塞俄比亚至莫桑比克的边界逐渐扩大，形成了约 6 400 千米长的裂谷，被称为东非大裂谷。东非大裂谷中有多个湖泊、熔岩高原和火山带，后者至今依然在活动。这里是发现南方古猿阿法种等古人类最多的场所，也是古人类最初出现的地方。

随着巨大地壳运动的发生，数百万年间都是森林覆盖的非洲开始出现气候变化。森林产生的湿润空气与东部突起的东非大裂谷相遇，形成了地形雨。雨后的干燥空气移动至裂谷东部，出现焚风效应，导致这个地区越发干燥。这种气候变化使得葱郁的山林变为了热带草原。

在 530 万年前至 258 万年前，在气候变化的影响下，整个非洲大陆形成了广阔的草原地带，森林中类人猿的生活也有了新变化。由于森林减少，原本生活在树上的一部分类人猿不得不来到地上。至于是

地形雨

湿润气流遇到山脉等高地阻挡时被迫抬升，气温降低，从而形成降水。

东非大裂谷

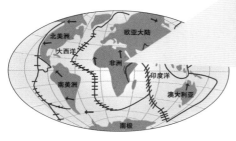

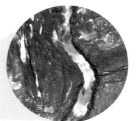

东非大裂谷是由于板块张裂形成的裂谷，其平均宽度为 50 千米，两侧峭壁的高度为 900~2 700 米

弱小的类人猿被赶到地上，还是主动下来的，学者之间有着不同的意见，但大部分学者认为是弱小的类人猿被赶到地上，从而成为人类的祖先。

来到广阔草原的类人猿由于失去了森林所提供的丰富果实等食物，寻找食物成了当务之急。同时，由于在草原中被敌人发现的风险会增大，因此还要寻找防御的方法。

那么，直立行走对于寻找食物和防御敌人有着怎样的优势呢？首先是双手变得自由了，在日常生活中可以使用工具，虽然那时的工具很简陋，却比其他类人猿的好上不少；其次是直立行走使得视野变得开阔，智力也变得发达。直立行走就这样为促进人类身体的变化、工具的使用以及人脑的发展提供了决定性契机。

直立行走引领进化往适合生存的方向发展，但也存在许多副作用。现代人出现的痔疮、椎间盘突出和腿部静脉

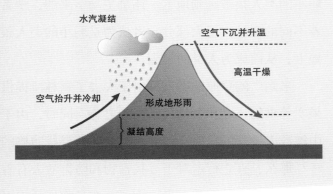

焚风效应

受西风带（在纬度 30～60 度区域，全年盛行西风）的影响，朝鲜半岛的风向都是由西至东，因此空气沿着太白山脉的西面上升凝结，形成降雨，导致太白山脉西面下雨，越过山脉的干燥空气却令东面变得干燥。相似的环境还出现在约 1 000 万年前的东非大裂谷。因长时间没有降水，裂谷东部没有树木生长，形成了热带草原。

水汽凝结

空气下沉并升温

高温干燥

空气抬升并冷却

形成地形雨

凝结高度

曲张等疾病正是由直立行走导致的，因此只有人类才有这些疾病。同时，每年有 50 万名以上女性因分娩而死，原因追溯下去也是直立行走，因为随着双脚站立的时间越来越长，骨盆变窄，在重力的影响下内脏下垂，产道被挤压从而弯曲。因此女性在分娩时要经历巨大的痛苦，严重时甚至会丧命，当然这份痛苦也会直接传递给胎儿。尽管如此，由于直立行走的进化压力更大，所以我们适应了环境。

其实地球上奔跑速度最快的陆上哺乳动物大部分都是四足行走。目前已知最快的哺乳动物是猎豹，其他速度也很快的动物中，除了鸵鸟之外都是四足行走的。那么，双脚行走的人类和四足行走的动物相比，在生存中占据的有利条件是什么呢？

首先双脚站立视野更广阔，能够帮助确认周围是否有猛兽，这不仅有利于躲避猛兽，也有利于狩猎。短距离奔跑时，人类的速度要慢很多，赢不了猎豹和狮子，但在类似马拉松的长距离奔跑中，由于使用双脚比使用四足消耗的能量更少，人类可以长时间维持奔跑速度。也就是说，在狩猎奔跑速度快的动物时，人类可以一直追赶到它们精疲力竭为止。

这一事实可以通过观察坦桑尼亚的哈扎比部落得出，

这个部落依然保留着古人类的生活方式。他们在狩猎时，会几个人同时追赶一个猎物，虽然大部分猎物的速度都比人类快，但是如果几个人同时追赶，猎物会脱离群体，这些逃跑到最后没有体力继续跑的动物正是这群狩猎者的目标，因此，有时狩猎时间会超过半天。

还有另一项研究结果也值得关注。2013 年，美国、英国、日本和葡萄牙的科学家们认为既然人类属于类人猿的一个分支，那么对黑猩猩四足行走和双足行走的时间及原因进行调查，就能知道人类的进化过程。对黑猩猩进行长时间观察后，科学家们了解到它们在捕捉特殊猎物时会改为双足行走，利用手搬运更多的食物。以对黑猩猩的研究为基础，研究团队得出结论，古人类是为了确保获得更

多食物开始直立行走，从而得到进化的。

日本京都大学也有过类似的研究。该研究团队设置三种不同的情境，让黑猩猩面对常见的椰子、椰子中混合一点不常见的库拉以及大部分是库拉的情况，并对它们的行动进行观察。观察发现，只有一点库拉时，黑猩猩会尽量一次性多拿一点，竞争变得激烈时，黑猩猩的直立行走频率是平时的 4 倍。

库拉
生长于毛伊岛等地的热带果实。

究竟是环境变化导致直立行走，还是为竞争食物而直立行走？这个问题还需要更多的研究。但可以确定的是，我们的祖先是为生存而开始直立

42.195 千米

行走。在不断变化的环境中，直立行走成为人类逃脱捕食者的威胁，通过狩猎获取食物的适应手段，也加快了进化速度。

裸猿

地球上现存的猴类和类人猿一共约有 193 种，几乎都是全身被毛覆盖，只有人类不是。为什么会有如此显著的差别？为寻找原因，学者们提出了多种假说和学说。但要找出这个原因其实并不简单，这是因为尽管最初的直立行走或解剖学结构差异可以通过对地球的历史书——化石的研究调查得知，但化石中不含皮肤，因此很难查清原因。

动物学家德斯蒙德·莫里斯在《裸猿》一书中，介绍了多种有关人类皮肤除了头部和部分部位之外没有毛的原因的主张。其中最具说服力的一个主张是幼态持续机制，"幼态持续"的意思是幼儿时期的特征持续保留到成人阶段。这一主张认为，刚出生的黑猩猩除了头部之外，其他身体部位几乎没有毛，在幼态持续机制下一直保持这个状态，就能变为和现在人类相似的形态。

人类胎儿在子宫里的第 4 ~ 5 个月时，全身会长满绒毛，保护胎儿不受刺激，然后在分娩之前逐渐消失，出生

《裸猿》

Original, provocative and brilliantly entertaining. It's the sort of book that changes people's lives' *Sunday Times*

DESMOND MORRIS
THE
NAKED
APE

VINTAGE

这本书以动物行为研究为基础，揭示了人类起源和特殊之处的由来

后的婴儿身上只有一点点残留的绒毛和头顶的毛发。幼态持续机制解释了无毛状态出现的原因，但没有解释没有毛的皮肤为古人类生存提供了怎样的帮助。

那么，有关古人类皮肤无毛的原因，还有哪些观点呢？有学者认为，多毛会滋生寄生虫和跳蚤，容易患疾病，因此为降低患病概率，在自然选择的作用下，为了降低患病概率，人开始不长毛。但由于在其他哺乳动物中，没有任何动物为抵御寄生虫而脱毛，因此这一观点不具说服力。

地雀鸟喙形状与自然选择理论

1859 年，达尔文在《物种起源》一书中阐述了自然选择理论。自然选择是指生物在生存斗争中适者生存、不适者被淘汰的现象。如地雀因食物不同，其鸟喙形状也不一样，这一研究证明变异分化出多个物种，其中只有适应环境的个体能生存下来，并继续进化，这也是解释自然选择理论的有力例子

  有人提出了相似的主张，认为皮毛妨碍进食，且变脏后容易导致患病，因此逐渐退化。这群学者以秃鹫吃掉猎物内脏时会把头和脖子塞进猎物体内，而那些部位的羽毛便消失了的事实为证据。但是，古人类的脑已经发达到能使用工具，进行狩猎，要说他们不会清理自己的身体是不

合理的，因此这一主张依然没有得到关注。

另有主张认为无毛的原因是对火的使用。使用火后，人类不再需要借助毛来维持体温，因此人类身上的毛逐渐减少。

还有一个更加特别的观点，阿利斯特·哈迪认为古人类从树上下来之后是在水里生活的。古人类来到地面后，为寻找食物来到海边，到海里生活，因此变得和其他海洋哺乳动物一样没有毛。这一主张正在从"黑猩猩到水里会立刻死亡，但人类不会"这一点寻找证据，并进一步提出为了能更好地在水里移动，人类开始直立行走这一假说。哈迪解释人类背上绒毛的方向之所以和其他类人猿不同，是由于两侧绒毛向脊柱方向生长，减少了游泳时水的阻力，而且人类是灵长类动物中唯一一个拥有皮下脂肪层的动物，这是为了在水底维持体温而进化出来的。这一理论虽然看似合理，但缺乏证据。

有学者提出完全相反的意见，认为导致体毛退化的原因不是环境，而是一种社会趋势，意思是露出了部分皮肤是与其他类人猿区别的一种手段。但是为了区别物种，就褪掉了维持体温的毛，这一主张太过极端。

有学者认为体毛的退化是性的一种体现，即体毛是因为性选择而减少的。这一点在女性身上尤其明显，因为男性更喜欢体毛少的配偶，所以女性的体毛更少。同样是从性的角度出发，还有学者认为由于没有体毛的皮肤能给予对方更大的刺激，因此人类褪去了大部分体毛。

还有主张认为是因为热，很多学者都同意这一观点。这一观点认为古人类离开树林后，在高温之下为调节体温，从而褪去了毛。但是，几乎没有动物会因为高温而褪毛，比如穿梭于宽阔草原，且狩猎速度更快的胡狼和狮子都披着厚厚的毛。而且若没有体毛，夏天过度晒太阳会被晒伤。这一点我们可以从生活在沙漠中的人从不会赤身行走，而是用轻薄衣物遮盖皮肤这一事实中看出。

下面这个观点是最具说服力的。古人类与竞争对手猛兽的最大差别是身体条件。虽然古人类无法像狮子一样快速奔跑，力量也很弱小，但他们可以利用聪明的头脑、使用武器。利用头脑十分消耗能量，在这一过程中，人类的体温升高了许多，幼态持续机制帮助体毛褪去，毛孔增多，人类这才得以维持体温。和多毛的黑猩猩不同，人类有许多毛孔，这是为降低体温，通过增加毛孔个数代替毛发实现进化。尽管皮肤每天暴露在强烈的紫外线中，极有可能被晒伤，但在温度适当的环境中，这是一个很有效的方法。随着毛发消失，皮下脂肪层变厚，体温升高时，它不会妨碍汗水蒸发，在寒冷的天气里，它可以帮助保持体温。

离开了随手就能摘得丰富果实的环境，古人类来到了宽广的草原。为了在这里生存，古人类不得不利用头脑，而发达的人脑需要更多能量。人类通过狩猎获得肉食补充所需能量，为降低因狩猎而升高的体温，身上出现了降低体温的毛孔。通过褪毛，人类的生存能力得到了强化。

类人猿与人类在解剖学上的构造差异

人类祖先来到非洲草原后，随着直立行走的增多，身体也出现了变化，这就是类人猿与人类在解剖学上的差异。仔细观察有着共同祖先的类人猿与人类在解剖学上的差异，可以找到有关分化过程的重要证据。

包括人类和类人猿在内的所有脊椎动物都是靠从头部延伸至臀部的脊柱支撑身体，身高与身体形态则根据骨骼有所不同。来自同一祖先的人类与黑猩猩，整体骨骼十分相似。人类的骨骼数量约为 206 块，黑猩猩的骨骼数量很相近，但人类的肋骨只有 12 对，黑猩猩有 13 对。人类头部、臀部和脚部的主要骨骼都呈垂直状，但黑猩猩的脊椎、头骨和颈骨的连接部分都呈弯曲状。

黑猩猩身体蜷缩，看似矮小，但如果直立起来，雄性黑猩猩的平均身高和人类十分相近，略矮一点点，且人类

类人猿与人类的骨骼及行进方式

猩猩　　　　黑猩猩　　　　大猩猩　　　　人类

类人猿是利用臂行的方式，双手握拳抵地行走，人类则是直立行走。由于类人猿与人类的行走方式不同，头与背部的连接部分、髋骨、膝盖、手骨和脚骨的形状都不一样。除此之外，由于生活方式和饮食习惯不同，头骨大小、形状，以及牙齿和下颌的结构也不一样

和黑猩猩都是雄性的平均身高比雌性高。

　　人类与黑猩猩的手、脚骨骼结构相似，但随着使用方式的不同，差异也逐渐增大。人类的大拇指比黑猩猩的大拇指长许多，而黑猩猩的脚趾像手指一样长，大脚趾和大拇指一样向外突出。

　　人类的大拇指比黑猩猩的更加灵活，可以碰到其他手

对比黑猩猩与人类的手和脚

黑猩猩的手、脚构造都适合抓东西。但是人类的手、脚却具有完全不同的功能

指的根部，且由于不需要爬树，皮肤也变得更薄更软，可以从事细致的工作。尽管黑猩猩的手比其他类人猿更加灵活，但由于大拇指太短，无法像人类一样进行精密的工作。

黑猩猩的手的用途也和人类一样可以分为精细抓握和力性抓握，抓握细小物体的能力被称为精细抓握，抓握大物体的能力被称为力性抓握。人类主要利用大拇指和食指抓握物体，但由于黑猩猩的大拇指很小，且被压在食指一侧，因此与人类相比，精细抓握的能力十分有限。但在进行力性抓握时，黑猩猩可以同时利用手和脚，抓握物体的力气也比人类更大，因此能够吊在树上。

脚是人类和黑猩猩有着明显差异的地方。人类的脚趾都偏短，大脚趾和其他脚趾排列整齐，黑猩猩的脚趾则偏长，且大脚趾外翻。人类的脚底板长，脚趾短，有利于直立行走。人类的大脚趾运动能力不强，但黑猩猩的大脚趾可以分别碰到其他脚趾。

从整体的肌肉差别来看，存在一个有趣的现象。比较人类和黑猩猩的下颌肌肉，能发现人类的下颌肌肉纤维更小更细，为什么会出现这种差别呢？肌球蛋白是一种能使肌肉变结实的物质，而有一种基因（MYH16）能发出制造肌球蛋白的命令，大部分类人猿体内都有这种基因，但人类体内的这个基因却发生了突变。古人类学家解释说令下颌肌肉变坚固的基因发生突变，人类的头骨有可能变大。进化至直立人阶段后，人类开始学会用火烹制食物，因此不再需要有力的下颌肌肉，基因突变使得下颌肌肉退化，周围一直被肌肉固定的骨骼得到解放，从而令头骨可以自由变化或生长。

黑猩猩的臂行速度可与人类的奔跑速度媲美，但由于体重较重，在进行长距离移动时，黑猩猩消耗的能量是人类的 4 倍。下面来比较一下人类和黑猩猩的主要肌肉吧。连接脊柱和肩胛骨的斜方肌，主要在肩膀和手臂运动时使用到，黑猩猩的斜方肌又大又宽，因此在举起手臂时，会

黑猩猩与人类的肌肉

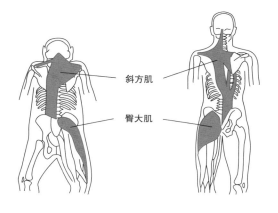

斜方肌

臀大肌

比起人类，黑猩猩可以更加随心所欲地使用手臂，因此它的斜方肌比人类更宽。走路或奔跑时给予力量支撑的臀大肌则是人类的更发达

给手臂前端提供力量。而连接盆骨和大腿的臀大肌则是人类的比黑猩猩的要发达许多，在走路或奔跑时，臀大肌能产生帮助身体向前倾的推力。黑猩猩的发达肌肉适合爬树，人类的发达肌肉适合行走。

黑猩猩与人类的内脏器官和心搏频率也十分相似。尽管男女之间可能会有差异，但人类的心率一般是每分钟60~80次，黑猩猩也是。刚出生的婴儿心率会更快，成

黑猩猩和人类的消化器官

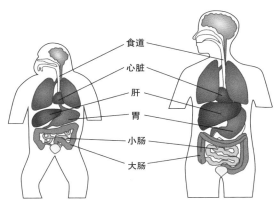

食道
心脏
肝
胃
小肠
大肠

消化器官结构基本一致，但比例有所不同。黑猩猩的小肠比人类小肠短，但大肠比人类大肠长

年人处于活动中，或经受压力时，心率也会增快。人类和黑猩猩的血型都是 ABO 型。

在呼吸方面，两者有几点不同。两者的肺看似相似，但内部的呼吸道数量有所不同。人类的右侧肺中有 11 个大呼吸管，左侧肺中有 10 个，而黑猩猩的右侧肺中有 12 个大呼吸管，左侧肺中有 13 个。

消化系统方面基本相似。食物通过食道，在胃中分解，再经过小肠和大肠通往直肠和肛门，被排泄出去。但由于饮食习惯的不同，人类的小肠占整体内脏的 60%，黑猩猩的小肠则只占 20%；人类的大肠约占 20%，但黑猩猩的大肠约占 50%。这是因为黑猩猩是食草动物，主要以植物为食，消化及分解需要很长时间，因此大肠所占比例较大；人类则是通过肉食和烹制较高效地吸收营养，因此内脏整体缩小，但这能帮助更多能量被运输至脑部，扩大脑容量。

人类与黑猩猩在解剖学上最大的差别在于口腔结构。人类婴儿虽然具备出色的模仿能力，但在满周岁之前都不会说话，或许偶尔会有孩子能说"爸爸""妈妈"等简单的词，但是无法运用自如。这是由于从解剖学角度来看，周岁之前说话是一件很难的事。

人类的喉咙中有食道和气管两条管道。食道，顾名思义是食物通过的道路，与胃相连，食物可通过食道到达胃。气管意为空气通过的道路，是将鼻腔和口腔与肺相连的器官。

气管的前端部分被称为喉，喉的上方，也就是与口部相连的部分，被称为咽。声带就位于喉部（也称"喉头"），这也是感冒引发的喉炎会导致人发不出声音的原因。人类刚出生时，咽很短，喉的位置几乎与舌头相平。成年之后，随着咽变长，喉和舌骨下降至比舌头更低的位

人类与黑猩猩的口腔结构

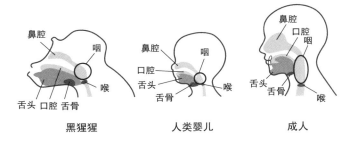

黑猩猩　　　　　　　人类婴儿　　　　　　成人

人类婴儿和黑猩猩的咽都较短，不能说话，但成人的咽较长，因此可以发出多种声音，进行沟通交流

置，使得声带能发出更多音节。

　　由于婴儿的咽较短，且喉和舌骨的位置相对较高，口腔结构决定他们无法发出多样的音色。婴儿刚开始只能牙牙学语，发出没有含义的音节，但随着喉和舌骨的发育，能发出的声音越来越多，逐渐开始说话。大部分动物都和婴儿一样，喉和舌骨的高度几乎一致，成年之后也不会下降。虽然有极少的动物可以用声音进行简单的沟通，但利用声音构成语言的能力目前只有人类具备。

　　但是最近有人主张喉下降并不是语言运用的唯一证据。不仅是人类，许多其他动物也有喉下降的现象。美国的动物学家皮奇研究发现动物的喉出乎人类的预料，实际上十分灵活。喉永不下降的狗、山羊、猪和猴子等都是通过使喉上升的方式发声，狮子和考拉等物种则具备永久性的下降喉。这样来看，包括人类在内的各物种的喉下降并不是只与语言相关。

据悉，古人类的喉与狗、山羊的相同，可以上下移动。但有人认为，比起在需要的时候移动喉，直接使喉的位置下降并发出声音效率更高，因此自然选择使人类进化成了这个样子。在解剖学界，解剖学家们都认为喉下降为语言生活提供了帮助，但对于人类从何时开始使用语言这个问题，各学者之间有分歧。要准确说出开始使用语言的时间虽然很难，但上述解剖学差异和脑容量的急剧增加，一定都对人类利用复杂语言产生了影响。

做饭的人类

地球上脑容量最大的动物是抹香鲸，其脑约重 8 千克。拥有如此大的脑的抹香鲸，智力也比人类高吗？答案是否定的，脑大并不代表智力一定高。决定智力能力的指标是 EQ 指数（Encephalization Quotient，也称"脑量商"），主要计算身体与脑的质量比。计算公式有很多，根据斯内尔的公式，人类的 EQ 指数是 7.44，露脊鲸的是

1.76，大象的是 1.87，海豚的是 5.31。

和其他动物相比，人类的 EQ 指数较高。罗宾·邓巴称："脑容量大或新皮质多的灵长类动物，能形成比其他灵长类动物更大的群体，结成更复杂的社会关系，进行更有效率的合作。"

几百万年前生活在热带草原的黑猩猩，它们的生活方式与现在并无大的不同。但从灵长类分化而出时，与黑猩猩生活方式相似的人类现在又过着怎样的生活呢？这就是小差异造成的惊人结果。

那么人类脑容量爆发式增长的原因是什么呢？人脑重约 1.4 千克，在体重中占比很小，但消耗的能量是总能量的 20%，和其他哺乳类或灵长类动物相比，人脑使用的能量非常多。为了让脑有这么多的能量可使用，就必须减少身体其他部分消耗的能量。莱斯利·艾洛和彼得·韦勒曾说："某个物种的脑容量越大，在进化时它们的内脏所占比例就必须越小，这是为了更有效地摄取食物。"和其他动物相比，人类消化器官的重量与体重相比非常小，这是为了能稳定地向脑提供能量，减少消化食物所需能量而发生的进化。

在能够有效吸收能量之前，人类的饮食习惯经历了怎样的变化呢？在宽阔的草原上生活时，食物虽然比森林中少，但古人类依然以树木果实或植物为食，后来为了解决

人类与黑猩猩的脑

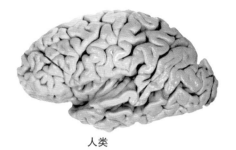

人类

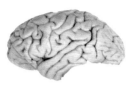

黑猩猩

人类的 EQ 指数为 7.44，黑猩猩的 EQ 指数为 2.49，人类的脑比黑猩猩的脑大 2 倍

食物不足的问题，开始吃猛兽吃剩的肉渣。虽然之后古人类也开始狩猎动物，但刚开始由于没有狩猎技术，猛兽们吃剩的肉渣也勉强算是食物。然而要吃到肉渣也不是一件简单的事。狮子吃了猎物的内脏后，秃鹫群或鬣狗群会吃掉剩余的肉，最后剩下的肉渣才是古人类的。虽然肉不多，但还留有骨髓和头骨里的脑。

　　肉食提供的能量确实比植物更多，但所有的食肉动物脑容量都增加了吗？答案显然是否定的。大部分食肉动物的脑容量都没有太大的变化，只有人类在短短 200 万年

脑容量的爆发性增长

南方古猿　　　　　能人　　　　　直立人　　　　　智人

比较从南方古猿到智人的头骨形状，可以发现脑容量在逐渐增大

里，脑容量出现了巨大增长。南方古猿的脑容量与类人猿相似，约为 0.3 ~ 0.5 升；190 万年前的直立人的脑容量从 0.5 升增加至 0.8 ~ 1.2 升；40 万年前的尼安德特人的脑容量为 1.45 ~ 1.7 升，比现在的人类更大；早期智人的脑容量则与现在的我们相似，为 1.4 升。在人类进化的过程中，使得脑容量出现爆发性增长的饮食习惯变化，可大致分为两种，那就是出现了被称为"石器之牙"的工具和被称为"火食"的食物处理方法。

　　观察人类进化过程中头骨的变化，除脑容量变化之外，还可以发现另一个明显的事实，那就是与随着进化增大的脑容量不同，人类的下颌和牙齿在随着进化变小。吃

肉的话下颌和牙齿应该越来越发达才对，为什么反而变小了呢？

美国人类学家丹尼尔·利伯曼曾说过："人类的祖先早在学会火烤食物之前，就已经开始使用石器切或是敲打肉和植物了。"利伯曼对脑容量的突然增长与石器被广泛使用处于同一时期这一点给予了关注，他将肉和蔬菜分为"块状生食"、"简单处理过的"和"熟的"三种，并分别测试数十名实验对象吃这些东西所需的时间及力量。结果显示，吃简单处理过的肉时，比吃生肉时的咀嚼次数要少17%以上。利伯曼解释说，随着咀嚼次数的减少，下颌变小，脑因此有了增大的空间。也就是说，几十万年前，直立人已经开始利用"石器之牙"击打或把肉切小，进行简单的食物加工。

人类学家在南非的旺德沃克洞穴发现了古人类生活过的痕迹，并发掘出了被高温加热过的石头和骨头。这些化石来自约100万年前，说明那个时期的人类已经会使用火。人类第一次使用火，大概是在某个风雨交加、电闪雷鸣的天气里，从发现被雷劈中的着火的树开始的。学者们推断，人类在学会控制火之前，是利用自然产生的火保护自身不受猛兽侵害，或是弄熟食物。

20世纪90年代，进化生物学家理查德·兰厄姆在他的著作《点火》中写道，*habilis*（由于他认为 *habilis* 比

古人类的生活痕迹

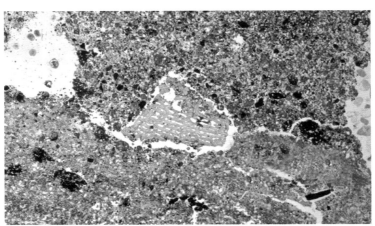

在旺德沃克洞穴（上）的地层中，可以看到被火烧过的骨头（下，显微镜放大后）和被火熏黑的地层遗迹。这是古人类使用火的证据

人更接近类人猿，因此没有称之为 *Homo habilis*，即能人）虽然能直立行走，但它们依然生活在树上，而让他们进化为几乎没有类人猿特征的直立人的决定性契机，就是火食，也就是用火弄熟食物。

随着人类开始用火烤熟食物，人类的生活方式出现了巨大的变化。首先，熟食的消化吸收率大幅提高，以土豆为例，熟土豆比生土豆的消化吸收速度要快许多。肉也一样，熟肉中的蛋白质更容易分解，营养物质吸收率提高，因此火食促进古人类往脑容量变大的方向进化。

其次，利用火吃熟肉，减少了进食和消化的时间，使得进行其他活动的时间增长。黑猩猩为摄取一天需要的能量，需要花费 6 小时吃东西，但是人类如果吃熟食，每小时可以获取其 6 倍以上的能量，也就是节约了 4 小时以上，节约下来的时间又可以用来寻找其他食物。因此吃熟食使得古人类的整体生活效率有了飞跃性的提升。

兰厄姆认为，在自然选择压力下，饮食习惯的变化有利于生存。因此人类在适应过程中，解剖学结构、生活方式，以及心理都产生了变化。解剖学结构的变化体现在脑容量增加、牙齿和消化器官变小、体毛退化、腿变长以有利于长距离奔跑，以及寿命变长。同时，吃熟食的饮食习惯推动性别分工出现，从而更加有效地利用时间和资源，提高了生产效率。而在获取更多食物的过程中，人类有了耐心和沟通能力，并出现了大规模合作的社会性变化。

　　虽然火食的直接证据来自尼安德特人时期，但人类学家认为，从 80 万年前开始，人类就开始了火食。尽管化石证据还不充分，但火食、直立行走、工具的使用、脑容量增加等都是人类适应环境的方式，这一点是毋庸置疑的。火食还体现了人类利用柴火，活用外部能量的特征。人类的祖先在竞争中掌握的生存方式，是形成独特的人类文明所迈出的第一步。

长羽毛的恐龙

始祖鸟的存在证明了恐龙和鸟类血缘相近，1996 年在中国辽宁省发现的带有羽毛的恐龙"中华龙鸟"，更加证实了恐龙与鸟类的关系。只不过中华龙鸟是生活在 1.2 亿年前的恐龙，而始祖鸟早在 1.45 亿年前就已经出现，这相当于颠倒了妈妈与孩子的顺序。

随着考古学家发掘出的恐龙化石越来越多，这个问题迎刃而解。俄罗斯的古生物学家索菲娅·西尼察于 2010 年在东西伯利亚的古林达河谷附近发现了恐龙化石。该恐龙是生活在 1.75 亿年前的食草恐龙，被取名为"古林达奔龙"，它的头部、躯干和胸部都有着纤维状结构，尤其是前肢和腿部都有着复杂的羽毛状结构。

在东西伯利亚发现的食草恐龙之所以意义重大，是因为它同时拥有简单羽毛结构和复杂羽毛结构，这说明恐龙不是在进化为鸟类的过程中开始长出羽毛的，

保存于琥珀中的恐龙羽毛

通过研究琥珀中的羽毛，科学家推测其拥有多种颜色

而是早在始祖鸟出现之前已经有了羽毛，我们一直以来想象的恐龙的样子都是错误的。

西尼察研究团队的研究结果显示，恐龙身上的羽毛有两个用途，一是为寻找配偶，繁衍后代，二是为了维持体温。之后陆续发现了许多支持这一研究结果的证据，最具代表性的就是 2011 年在德国巴伐利亚州

长满羽毛的恐龙

白垩纪时期长羽毛的恐龙尾羽龙（想象图）

发现的近乎完整的始祖鸟化石。人们在过去一直认为羽毛只是作为飞行手段而进化出来的，而始祖鸟的羽毛和其他不能飞行的恐龙羽毛相同，且在与飞行无关的后腿上也发现了羽毛。因此，长羽毛的目的不是飞行，而是生殖与生存，这样的研究结果可信度更高。

人类进化的谱系图

地球会周期性地出现冰期。上新世时期，地球气候逐渐转冷，由此导致地球环境也发生了剧烈变化。南极冰川不断增加、海平面逐渐下降、地中海干涸、非洲大陆水分减少……在干冷气候下，原本茂密的非洲森林逐渐减少，灵长类动物的生存空间再次缩小。

非洲最严重的气候变化出现在 500 万年前，而同一时期灵长类动物的谱系也在发生剧烈的变化。虽然这一时期的化石不多，但遗传学研究显示，气候变化给灵长类动物的生活带来了决定性的影响。灵长类种群中，发生突变、更加适应变化后的环境的个体及其后代更易存活，并且随着时间流逝，逐渐进化为与原种群遗传结构完全不同的其他物种。

地球温度变化

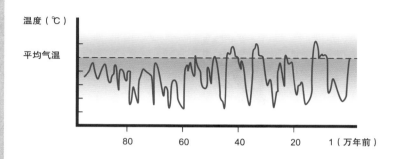

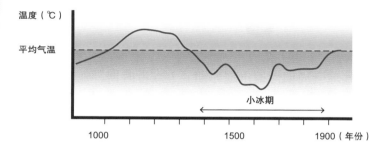

图中表现了大约 100 万年前到 1 万年前的地球温度变化，可看出地球气温在不稳定中不断反复

　　人类的祖先南方古猿就是在这种情况下出现的。他们经历了冰期（不是指整个地球被冰川覆盖的时期，而是地球气温略微降低，北半球绝大部分地区有冰川的时期）和间冰期活跃的气候变化，在还算温暖的非洲进化出了新的

更新世和现在的冰川分布图

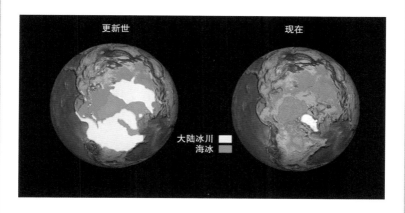

大约 1.8 万年前，更新世末期的地球与现在相比，有很大一部分陆地被冰川覆盖

分支。但更新世冰期突如其来的严寒，使古人类不得不离开生活了上百万年的非洲。

冰川覆盖北半球后，古人类为躲避严寒，不得不寻找并迁徙至温暖、适合生存的新环境。他们因此开始离开非洲，迁徙到了欧洲和亚洲。

更新世

大约 258 万年前（一说 181 万年前）到 1 万年前，有 4 次冰期。

有一部分古人类为躲避严寒选择迁徙，但还有一部分古人类因环境原因不得已被孤立，就这样，离开非洲的古人类分散至寒冷地区、炎热地区和温暖地区。气候变化导致环境骤变，古人类们在适应环境的过程中，分化出了不同的特征。由此可以看出，人类也是受环境影响的物种之一。

现在，我们根据人属的谱系图来了解一下人类为适应环境变化而实现进化的过程吧。

人属的进化

大历史将 20 万年前人类的出现视作转折点，这是因为自具备大规模合作和语言运用等出色社会学习能力的智人出现后，社会、学习及信息的复杂性和相关性也越发明显。但这对于我们根据人类进化的谱系寻找最初的祖先具有重要的意义。虽然智人的祖先并没有发生值得被看作大历史转折点的飞跃，但是没有那个时期祖先们为生存做出的努力，也不会有后来人类区别于其他动物的独特之处的出现。

在 20 世纪初期之前，几乎没有人认为人类与类人猿来自同一祖先。20 世纪 20 年代起，随着各种化石被发现，有关人类进化的假说开始被提出。每当发现新的化石，古

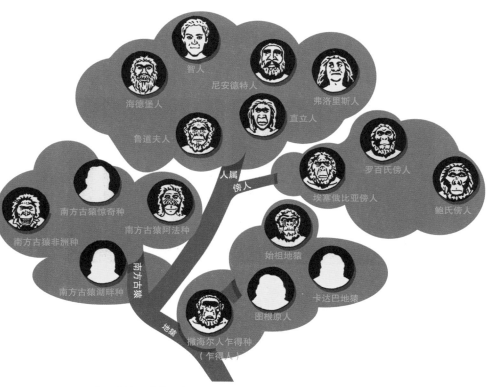

智人

尼安德特人

海德堡人

弗洛里斯人

鲁道夫人

直立人

人属

傍人

罗百氏傍人

埃塞俄比亚傍人

鲍氏傍人

南方古猿惊奇种

南方古猿阿法种

南方古猿非洲种

始祖地猿

南方古猿湖畔种

南方古猿

卡达巴地猿

地猿

图根原人

撒海尔人乍得种
（乍得人）

2010 年理查德·波茨和克里斯托弗·斯隆整理的人类进化谱系图

人类的进化过程便被修正一些，谱系图渐渐得到完善。直到现在，谱系图依然在修正和完善的过程中。

化石的发现顺序与进化顺序不同，因此这一过程十分烦琐。根据理查德·波茨和克里斯托弗·斯隆整理的人类进化谱系图，人类的进化过程主要分成四个部分，分别是最早的地猿、南方古猿、傍人和人属。

米歇尔·布吕内等人于 2001 年在乍得发现的撒海尔

撒海尔人乍得种和图根原人

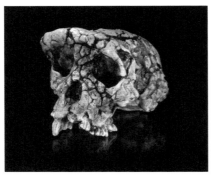

于 2001 年发现的撒海尔人乍得种（左），根据化石推测，其生活在 650 万年前的热带草原，与其他类人猿相比较小，脑容量只有现在人类的三分之一，而枕骨大孔的位置却证明了它会直立行走。大约生活在 600 万年前的图根原人的大腿骨化石（右），也是人类直立行走的证据

人乍得种，或简称"乍得人"，是目前所知最古老的古人类化石。这块化石又被叫作"托麦人"，从头骨可以看出它大约生活在 650 万年前，和人类从与黑猩猩的共同祖先分化出的时期相近，正是从这时开始，本与类人猿无异的人类祖先，开始出现直立行走这一人类特征。但由于人们发现的化石数量有限，比起人类，它们与黑猩猩的相似度更高。

罗百氏傍人

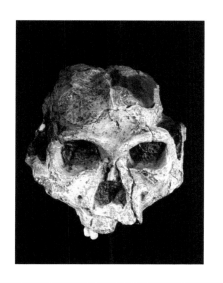

路易斯·利基夫妇于 1959 年发现的化石最初被称作南方古猿粗壮种,但之后又发现了与南方古猿不同的特征,从而调整为傍人。此化石的特征为牙齿坚硬,头部中央有一块突起,肌肉连接至头部上方,因而推测其能咀嚼硬食。该物种因无法从植物中获取足够能量而灭绝

　　400 万年前,南方古猿出现在了非洲大陆。达尔文将人类和类人猿的差别大致总结为四点,分别是大头、小牙、直立行走和使用工具。在此基础上,人类学家一直将大头视为人类的第一个特征,但在发掘出南方古猿阿法种,也就是露西之后,他们发现直立行走特征出现在大头之前。之后发掘出的南方古猿湖畔种也含有证明直立行走特征先出现的证据。

　　它们出现在上新世,这是一个地球气候急剧变化的时

期。以非洲为例，长时间的干冷气候使得森林快速减少，而脑袋越来越大的古人类需要的能量也越来越多，为解决粮食不足的问题，他们开始朝着两个方向进化，由此出现了完整保留食草南方古猿特征的傍人，和以肉食为主，能自由使用双手的人属。

每当发现一个新化石，人类进化的谱系图都会被修正和完善。理查德·波茨和克里斯托弗·斯隆认为古人类的进化过程不是单向的，而是如大树的枝干一般，是一个很复杂的过程。他们整理的谱系图虽然建立在相对较新的研究结果的基础上，但仍然有许多尚未定论的部分，同时证据不足的缺点也不容忽视。除此之外，还有许多其他学者整理的进化谱系图，后文中介绍的人类进化谱系图也是从大历史的观点整理出的假说之一。

从大历史的观点来看，最古老的人类祖先是 700 万年前~600 万年前，从灵长类分化而出的类人猿。他们生活在非洲丛林，会直立行走，但主要的生活区域还是在树上。他们还会使用一些非常简单的工具，但脑容量和类人猿相近。400 万年前，由于气候变化，草原面积扩大，比类人猿拥有更多人类特征的南方古猿阿法种（露西）开始活跃。他们有着更多的人类特征，且在日常生活中也能直立行走。

250 万年前，出现了脑容量比类人猿大很多的能人。他们会在日常生活中利用石器，并且开始以肉为食。190 万年前，直立人开始有策略地用火进行狩猎。他们还会利用石器进行简单的食物加工，将肉切割之后再食用，脑容量也随之大幅增加。70 万年前，出现了脑容量与现代人类相近的海德堡人。他们生活在欧洲，尽管数量不多，但通过集体狩猎产生了社会归属感，开始相互合作。40 万年前，出现了古人类中体格和脑部最大的尼安德特人。

20 万年前，我们的直系祖先智人终于出现了，这正是大历史的重要转折点之一。他们在日常生活中使用火和火塘，制作复杂工具，并开始使用简单的口头语言。就在智人分散到全球的时期，尼安德特人依然生存于气候恶劣的地区，但在大约 4 万年前，尼安德特人灭绝，只有智人生存下来，延续人类谱系。智人创造出文化艺术，并活跃地进行交易，居住地遍布全球。不仅如此，他们还利用语言，广泛地相互合作并集体学习，构成社会，为人类文明打下了基石。

最早的人类祖先出现于 600 万年前，身体结构和生活方式在几百万年里都没有出现大的变化。20 万年前出现的智人加快了生存技术发展，开始发挥人类独有的能力。唯一生存下来的人类物种开始农耕，创造自己的文明。现在，人类是地球上所有大型动物中，单一物种数量最多的动物，甚至对地球生态也有着巨大的影响力，范围还扩大至太阳系中的其他行星。

但我们的身体结构依然与大型哺乳动物相似，构成身体的分子结构和遗传物质也与其他动物没有太大差异。因此，我们有必要了解在实现决定性飞跃以前，我们的祖先为在自然选择中生存如何适应环境，在这个过程中，人类独有的特征又有了怎样的进化。现在，我们要通过回顾祖先留下的化石，一一了解古人类。

直立行走的类人猿——南方古猿

1978 年，玛丽·利基发现了据推测是 370 万年前留下的南方古猿一家的脚印化石。三组脚印中，有两组是成熟个体的，一组是较小个体的。仅凭脚印化石我们难以得知他们发生了什么事，但是从一家大小都是直立行走这一点来看，可以确认直立行走已成为他们的日常。

南方古猿是人类祖先之一，400 万年前～200 万年前生活在非洲，塔翁幼儿和露西都是南方古猿。他们比类人猿具备更多的人类特征，其中最显著的特征就是直立行走。在玛丽·利基之前，已经有学者以塔翁幼儿和露西的化石为基础，确定南方古猿在日常生活中直立行走，并能使用原始的工具。

贾雷德·戴蒙德在《第三种黑猩猩》一书中提出了"存在两种以上不能相互繁殖（杂交）的南方古猿"这一

南方古猿的脚印

在坦桑尼亚的莱托里发现的 370 万年前南方古猿留下的脚印

主张。戴蒙德将其分为头骨厚、牙齿大、以植物纤维为主食的物种，和头骨薄、牙齿小、以杂食为主的物种，比如塔翁幼儿。他认为还有可能存在第三种。头骨薄的物种后来进化成为能人。

其实关于南方古猿的信息十分有限。从他们生存的时期开始，环境变化巨大，好不容易保存下来的化石证据，也很难反映当时的生活方式。总之他们为了生存一定经历了无数次自然的测试，通过发挥适应和进化的生存能力，才得以进入下一个阶段。

第一个使用工具的能人

1960 年，玛丽·利基在坦桑尼亚的奥杜威峡谷发现了处于南方古猿和直立人之间过渡阶段的物种化石。利基看到散落在化石周围的石器之后，认为他们可以自由使用双手，并且是最早使用工具的古人类。因其使用工具，人们将这个化石命名为"能人"。虽然能人依然和类人猿一样生活在树上，但他们的脑容量比南方古猿更大，为 0.6 ~ 0.8 升，这是由摄取动物脂肪和蛋白质的饮食习惯引起的变化。

20 多年后，被视为能人后代的化石以几乎完整的状态被发现，为研究提供了许多信息。这个少年生活在大约 180 万年前，不会说话，手臂比类人猿短了不少。有学者认为他们结束了树上的生活，开始在地上生活。与少年生活在同一时期的祖先，他们的行走和奔跑能力都比我们更强，凭借此能力，他们才能离开非洲，拓宽自己的生活根据地。由于还发现了使用火的痕迹，所以众多学者认为能人是第一个开始使用火的物种。

奥尔德沃石器被认为是能人使用的第一种工具，被发现于非洲奥尔德沃山谷。那里出土了许多用石英、玄武岩和砾石做成的单面和双面石斧，以及多面的石器，这些石器的模样在 80 万 ~ 100 万年间都没有变化。一直被古人

能人

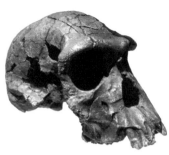

被认为是最先使用工具的能人的复原图（左）和头骨化石（右）

类长期使用，然而气候变化导致草原地区扩大，古人类必须在开阔的环境中和猛兽们竞争，因此工具开始变化。

随着石器制造技术的发展，阿舍利石器出现。阿舍利石器的特征是整体上工具的特征明显，双面不一致，但左右对称，比奥尔德沃石器更加锋利、高效。最典型的阿舍利石器就是手斧，它可作为锤子、圆凿及锥子使用，还被用来裁布。分析手斧的使用痕迹，人们发现它曾被用来狩猎、屠宰、树木加工、皮毛加工和骨头加工等，且一直被使用到 25 万年前。

能人使用的工具十分简陋，且初期使用的工具在上

奥尔德沃石器和阿舍利石器

奥尔德沃石器（左）是利用击打或碰撞后破碎的部分简单制作而成的。由于这项技术简单且可以生产多种工具，因此持续使用了 80 万 ~ 100 万年。阿舍利石器（右）是双面打制而成，又被称作双面石器，最具代表性的是手斧

百万年间都没有太大的发展，但他们在使用工具的过程中掌握了技术，把技术传给下一代后，生存方式也逐渐产生了变化。变化不断累积，对人类的身体、精神和文化方面的进化都产生了影响，最终随着科学技术的发展，才有了我们现在享有的人类文明。

改善饮食的直立人

适应了冰期而生存下来的人类就是直立人。直立人化

石来自 190 万年前至 40 万年前，主要出土于印度尼西亚的爪哇和中国的周口店。

最著名的直立人化石是"爪哇猿人"和"北京人"。爪哇猿人是 1891 年被欧仁·杜布瓦在印度尼西亚的爪哇岛上发现的，北京人是 1923 年被地质学家安特生发现的。在数百年的时间里，中国的民间疗法一直将动物化石作为药材使用，直到 1899 年，一位欧洲医生在北京的中药店里陈列的动物化石中，发现有一颗牙齿似乎属于人类，于是将其寄给了安特生。之后安特生在北京西南地区找到了更多的牙齿，这也成为发现北京人的契机。

在数十年间，古人类学家一直认为我们的直系祖先是直立人，因为直立人的化石主要出土自亚洲。但随着能人化石的不断出土，出现了更具有说服力的观点，即能人因忍受不了严寒，从非洲转移到了亚洲，而后进化成为直立人，因此直立人被认为是最早适应严寒的人属物种。

1984 年，路易斯·利基依据一具几乎以完整形态出土的直立人化石骨架，判断道："认为人类的躯体在数百万年里逐渐变大的学说是错误的。"这具化石骨架又被称作"纳里奥科托姆男孩"，突出的鼻子以及身体比例都与灵长类截然不同，却和现代人的体形一样，个子高，屁股小，犬齿也变小了。部分人类学家推测，进化为直立人

爪哇猿人和北京人

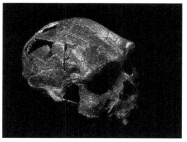

爪哇猿人（左）是最著名的直立人，额骨倾斜角度大，眉嵴呈屋檐状。
北京人（右）弯着身子直立行走，是右撇子

之前，人类的体温和体液都出现了巨大变化，同时体毛变短。体毛减少，皮肤可以最大限度地暴露在空气中，因此直立人在赤道的强烈阳光下也能长时间奔跑，而不至于体温过高。

最重要的是脑容量增长至 0.8 ~ 1.2 升，增长了 50%以上。当然并不是脑容量一增长，直立人就立刻发挥智慧。虽然脑容量增大了，但是和现代人相比，直立人不过是刚出生的婴儿水平，因此要制造出复杂的工具，或是在社会纽带和集体学习的基础上进行大规模合作，还要经历很长的时间。但这并不代表人类的进化就此停滞不前，因

　为人类的独有特征并不是瞬间出现的，而是以脑的进化为
基础，再逐渐变得更加复杂。前文中提到的饮食就是伴随
着脑部变大而出现的决定性变化。人类历史上第一次出现
了煮熟食物的饮食方式。

　　1974 年在肯尼亚库彼福勒发掘出的直立人化石（ER
1808）与之前的化石相比，骨骼异常地肥大，据人类学
家分析，这块化石的主人的死亡原因应该是摄入维生素 A
过多引起的骨肥大。170 万年前，直立人能通过什么方式
过度摄取维生素 A 呢？学者们推测他们应该是吃了动物
的肝，也就是肉食。人们在直立人遗迹里还发现了属于阿
舍利石器的手斧，利用显微镜对其进行观察，发现其中留

直立人（ER 1808）的骨化石

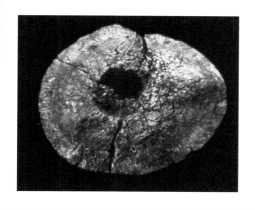

图中骨化石比正常骨骼更加肥大，据推测这是过多摄入维生素 A，导致骨骼出血的结果

有肉和骨的痕迹，他们大概是像使用刀一样使用斧，方便吃肉。如果他们有条件吃肉并导致摄取维生素 A 过多的话，那就证明直立人已可以进行策略性狩猎，并发展了食物加工技术。

但这并不代表直立人每天都吃熟肉，仅从现有的化石证据来看，其吃熟肉的程度并不高。但是肉食和素食混合的饮食习惯传了下去，用火把肉或鱼弄熟以后再吃将变得更加普遍。直立人为给脑提供充足的能量，利用简单的工具生存，并且组成小群体从非洲转移至阿拉伯、印度及中国等地。就这样分散至各地的直立人分别进化成不同的物种，存在了 170 万年。

体格健壮的危险猎人——海德堡人

海德堡人生活在 70 万年前至 20 万年前，其化石主要出土于非洲及欧洲，因一位高中老师在德国海德堡的近郊发现了其下颌骨化石而得名。海德堡人与直立人和智人都有着相似之处，既有着和直立人一样扁平的面部、较高的眉弓、低而宽的额头，又有和智人一样向两边突起的头顶、圆润发达的后脑、犬牙窝以及较大的脑容量。不仅如此，其后脑的窝和海鸥形状的眼眶还与尼安德特人十分相似，由此可推断出尼安德特人是由海德堡人进化而来。

尽管从化石反映的特征上看海德堡人在进化上比直立人更先进，但与尼安德特人或智人相比，依然较原始。海德堡人也来自非洲，且从 70 万年前开始就在那里进化。从西班牙阿塔普尔卡的胡瑟裂谷洞穴中发现的遗骸，揭示了未知人类——海德堡人是尼安德特人的直系祖先这一事实。学者将这些遗骸归类为海德堡人的后期形态，也就是早期的尼安德特人。但不管分类方式如何，重要的是这些遗骸中还残留着一部分直立人的特征以及适应欧洲寒冷气候的痕迹。大约 70 万年前，欧洲人逐渐出现了一些变化，直至 30 万年后出现了尼安德特人。

海德堡人利用单纯的生活方式，巧妙地适应了极端寒

海德堡人

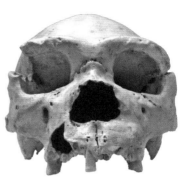

海德堡人的复原模型（左）、头骨化石（右）。海德堡人生活在更新世中期，距今 70 万年前到 20 万年前，化石出土自非洲、欧洲等地。脑容量为 1.1 ~ 1.4 升，与现代人相近，平均身高 180 厘米，肌肉发达

冷或长期炎热的环境。即使由于气候变化剧烈，其他物种都移动到温暖的南方，他们也没有离开自己的栖息地。

在英国的博克斯格罗夫发现了海德堡人使用过的石斧、打火石、刀和矛头等石器。据考古学家马克·罗伯茨推断，海德堡人虽然没有任何技术上的改革，但通过将石器用作武器，其狩猎技术可能有所提高。遗址中发现的小型哺乳类和鸟类的骨头上虽然没有使用石器的痕迹，但在

犀牛、河马和马等大型动物的骨头上发现了用石器切割的痕迹。尤其是犀牛骨上的痕迹，暗示了一套缓慢又精巧的剔肉动作。通过在树梢上吊挂有石矛尖的矛，他们可以从远处攻击有威胁的动物。海德堡人会以集体狩猎的方式，小心翼翼地追踪、埋伏、狩猎，然后分配狩猎成果，智力十分发达。古生物学家伊恩·塔特索尔认为要想进行这样的集体狩猎和猎物分配，前提是存在某种细致的沟通方法。

海德堡人在艰苦的环境中，依然通过分享制作石尖木矛的手艺、跟踪猎物的能力以及艰难获取的动植物知识，生存了数十万年的时间。

和我们最相似的亲戚——尼安德特人

尼安德特人简称尼人。一直以来人们对尼安德特人的印象都是"鼻孔大、脸大、脑袋大，笨得不知道为明天做准备，只要当天吃饱了就很满足，连直立行走都不会的野蛮人"。

1829 年，人们在比利时昂日洞穴中第一次发现幼年尼安德特人的头骨，但由于当时还没有进化论这样的学说，因此这一发现并没有

尼安德特人
因其化石发现于德国尼安德特谷而得名。

引起人们的关注。在之后的很长一段时间里，尼安德特人都未能得到正确的评价。随着达尔文《物种起源》一书的出版，尼安德特人终于获得了大众的关注，并以 1856 年在德国尼安德特谷发现的头骨及四肢骨为中心正式得到研究。

尼安德特人出现于 40 万年前，消失于 4 万年前，生活范围是欧洲及地中海附近。尼安德特人最明显的特征是

尼安德特人

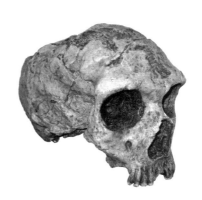

尼安德特人的复原图（左）与头骨化石（右）。尼安德特人的男性平均脑容量为1.6升，比现代人更大；前额较倾斜，眉峰发达，颌部前凸

骨骼坚硬，且脑容量比现代人更大。其头骨形状与现代人不同，扁平且长，可见语言能力、记忆力和空间感知能力都不发达；脑容量虽大，但智力并不出众。其手腕、手指和下肢骨骼十分坚硬，从大腿骨和胫骨来看，可推断其肌肉强有力。计算手臂骨骼与腿骨的比例，可看出其下肢相对较短。

研究表明，尼安德特人的身体比例指数小与全年平均气温相关。他们的身体比例指数与适应寒冷气候的因纽特人相似，这是身体在寒冷的环境中为了减少热量损失的适应结果。只有将暴露在寒冷空气中的皮肤面积最小化，才能适应 11 万年前最后一次冰期的酷寒，同时较大的鼻腔能将干冷空气变得温暖湿润。

身体比例指数
大臂和小臂的长度比例，胫骨和大腿骨的长度比例。

研究尼安德特人的骨骼化石，可发现明显的食肉痕迹。古人类学家多洛雷丝·皮佩尔诺的研究团队在出土于伊拉克和比利时的尼安德特人化石中，发现了草、豆子、树根和椰子等多种植物的痕迹，其中有一部分还残留着与谷物类淀粉一起煮或是烤的加工痕迹。以这一发现为根据，研究团队发表了尼安德特人是用火将植物和肉类进行处理后食用的结论。

尼安德特人生活在一个四处是狮子和披毛犀等危险捕食者及野牛的环境中，目前发现的尼安德特人化石，大部分都有受到动物攻击的骨折痕迹，且几乎没有 30 岁以上尼安德特人的化石，这说明他们生活在一个十分艰难的环境中。也许他们是利用敏锐的听觉和嗅觉，捕捉草丛沙沙作响的声音和野牛独特的味道，高大的身躯无声地移动，藏身于冰期树林中，如影子一般安静地生存了下来。

2005 年，美国学者理查德·霍兰公布了研究成果，他认为尼安德特人的群体有 20～30 人，以家庭为单位组成，且与其他群体没有任何交流，对外人采取敌对态度。这一研究结果还引起了有关食人习性的争论。在各个尼安德特人遗址中，人们都发现了他们被利器切割或火烧的骨头，其中头部和面部的骨头相对较少，大部分是破碎的。吸骨髓留下的痕迹为其食人习性提供了决定性的证据，但由于刀痕和屠宰的痕迹不同，也有人反驳称这是在为死者举办葬礼。

膻尼达尔 1 号

在伊拉克膻尼达尔洞穴中出土的尼安德特人化石。此化石的主人有一只眼睛失明，身体多处遭受感染，并有明显外伤，但依然存活了好几年，这证明当时有人在照顾他

尼安德特人的工具制作技术与很久以前发明的传统技术几乎无异。他们从巨大石核中打下石片，将圆盘状的石核打造成多个形状、大小相似的石器，然后利用这些石器捕捉动物或砍断树木。这种石器最初出土自法国的莫斯特遗址，因此又被称为"莫斯特石器"。尽管工具的设计和制造方式越发精致，

石核
能打下石片的巨大石头。

石片
利用石核制作大型石器的过程中被打下的石块。

尼安德特人的狩猎武器

从石核上打下的体积较大的扁状石片。打磨后的石片可装在长矛杆上，或作为处理毛皮的刮片使用

但仍然缺乏创意和独创性，因此不能视作技术革新。据推测，真正的技术革新是从与智人共存的时期开始的。

大约4万年前，正值尼安德特人逐渐走向灭绝之时，他们的工具发展出了全新的形态。考古学家的发现不再局限于石器和木器，还有了许多用动物骨头或角，以及象牙制造的工具，这些工具的主人更是将动物牙齿和贝壳，以及象牙做成的装饰品随身携带。但许多学者认为这一时期

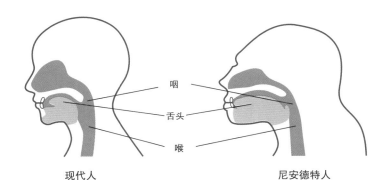

现代人和尼安德特人的口腔结构

咽

舌头

喉

现代人   尼安德特人

尼安德特人的口腔结构与现代人相似，因此有学者推测他们可以调整
舌头发出声音，并且调节呼吸。还有学者认为他们具有和语言相关的
基因，但能否使用复杂语言，目前尚有争议

的尼安德特人只是模仿同时期的欧洲智人，并未理解装饰
品的象征意义。可是从成群的完整尼安德特人骨骸和石器
被发现这一事实，可推断出他们有埋葬死者的风俗。他们
还会制作狩猎用的石器，可即便他们拥有出色的力量和感
知能力，并利用长矛进行狩猎，也还是未能发明出更加先
进的狩猎工具。

　　在埃尔西德隆洞穴中发掘出的尼安德特人遗骸中，人

们发现有两具骸骨具有控制面部肌肉、受脑和神经控制、决定语言和说话能力的基因（FOXP2）。1983 年在以色列的卡巴拉洞穴发现了一具约有 6.3 万年历史，且保存完整的尼安德特人骸骨。这具骸骨的舌骨可以说和我们的一模一样，只是由于面部样貌不同，发声方式也有所不同。不仅如此，尼安德特人的舌头下方有神经连接脑部，因此可以控制舌头，而且发音的时候控制呼吸的神经也和现代人几乎一样发达。

虽然尼安德特人具有语言基因和解剖学特征，但依然没有证据表明他们会使用语言，毕竟尼安德特人生活在小规模的亲密群体中，没有一定要说话的必要，而且在他们生存的 36 万年里，使用的工具和生活方式都几乎没有改变，也没有出现技术革新。考古学家们认为，若是使用了语言，尼安德特人一定会相互交换信息和想法，从而出现变化。

对此，英国的考古学家史蒂文·米森提出了反对意见。他认为尼安德特人虽然分散为小群体，生活在辽阔多样的地区，但依然有各自的交流方式。为了在严酷且变化无常的气候条件下寻找食物，他们需要多人合作，因此交流方式理应比类人猿和猴子的更加烦琐复杂，但和现代人类语言形态不同。那是怎样的形态呢？史蒂文·米森认为是音乐。这里所指的音乐不是我们认为的那种有和弦与旋律的音乐，而是将原始音乐与话语或者动作相结合，促进相互作用和合作的交流手段。类人猿和猴子的交流体系出现了整体性（holistic）、操作性（manipulative）、多模式性（multi-model）、音乐性（musical）、模仿性（mimetic）等特性，米森认为尼安德特人的交流方式整合了以上特征，因此称其为"Hmmmm"（取各单词的首字母）。

尼安德特人的行走方式与现代人无异，同时具有极强的思考能力和观察力，会制造并使用必要的石器、狩猎大型动物、生火，以及把死者埋在洞穴里。在尤其严峻的冰期里，他们不仅坚持了下来，还以自己的生活方式生存了

FOXP2

存在控制语言的基因吗？2002 年，通过对有遗传性语言障碍的英国人的谱系进行调查，科学家们发现有一种名为 FOXP2 的基因对人类的语言应用能力有着重要作用。但除人类之外，一些哺乳动物体内也具备 FOXP2。马克斯·普朗克进化人类学研究所联合哈佛大学研究团队，共同对决定人类与哺乳动物语言应用能力差异的因素进行了研究。研究结果显示，人类的 FOXP2 发生了重要变异，因此在语言应用能力上和黑猩猩及其他哺乳动物有了差异。FOXP2 一共由 715 个氨基酸构成，其中 2 个氨基酸发生了突变，从而出现了只有人类能使用语言的结果。这一突变的发生时间与智人的出现时间几乎一致。

足足 36 万年。（人类文明的出现不过是几千年前的事，因此 36 万年的时间绝非短暂。）但在大约 4.5 万年前，新的移民，即智人出现在他们面前，这给尼安德特人的生活带来了巨大变化，不久之后，他们便灭绝了。

聪明又唠叨的智人

大约 100 万年前，生活在非洲的直立人为了避寒，迁移到了欧洲和亚洲。数十万年以后，大约 20 万年前，直立人中进化出了新的人种，那就是有着"智慧人类"含义的智人。

1868 年，在法国的克罗马农山洞发掘出了人类化石，分别属于四个成人和一个小孩。他们周围还同时埋有项链和耳环等饰品，由此学者们推断有人为他们举办了葬礼。当时被称作"克罗马农人"的这些化石，就是生活在 4.5 万年前至 1 万年前的智人。

智人的头骨较圆，额骨较高，牙齿和下颌都较小。和尼安德特人不同的是，智人眼眶低，脑容量也几乎和现代人一致。

与直立人用碎石做成的简单石器相比，智人的工具更加复杂多样。根据用途不同，工具多种多样。智人用鱼叉捕鱼，用石矛或石斧狩猎大型动物，用小巧的石刀扒下动

克罗马农人的化石

与现代人类头脑无异的智人，拥有发达的文化，还形成了埋葬的风俗

物毛皮，再用针线制作成合身的衣服。

直到 7 万年前为止，智人的生活及文化都还与尼安德特人没有太大差别。但是在此之后出现了大量的洞穴壁画和精巧的工具，意味着这一时期智人的文化出现了迅猛的发展。在以色列斯库尔洞穴和卡夫泽洞穴里发现的莫斯特石器便是文化迅猛发展的决定性证据。

莫斯特石器比奥尔德沃石器和阿舍利石器更加简易、精致，最具代表性的是矛尖、鱼钩和鱼叉等。这一时期的智人利用猛犸象骨建造房屋，通过交换获得距离较远的地方出产的黑曜石等矿物和贝壳，还会利用象牙、兽角和石

克罗马农人的饰品、雕像和鱼叉

在俄罗斯苏格尔挖掘出的约 2.8 万年前的遗骸（左），全身共有 1 000 多颗象牙珠饰品。制作于 2.5 万年前的女性雕像（中），材质是猛犸象牙，据推测是用雕刻器雕刻而成。1 万年前用动物骨头做成的鱼叉（右），体现了当时较高的工具制作能力

灰岩等，通过精细加工制作工具。

1879 年，业余考古学家索图拉在西班牙的阿尔塔米拉洞窟发现了壁画，壁画中有野牛、鹿和野猪；1940 年，人们在法国拉斯科洞窟发现了智人所作壁画；1994 年，在法国阿尔代什发现了肖维–蓬达尔克洞穴壁画。洞穴壁画专家让·克洛特极力赞美道："画这幅画的人是伟大的艺术家。"

生活在非洲的智人也会利用精巧的雕刻器和颜料在石头、野兽的骨头或角、象牙等地方雕刻或作画。在迁移至欧洲之前，这些艺术活动就已经呈现较高水平。据推测，

肖维-蓬达尔克洞穴壁画

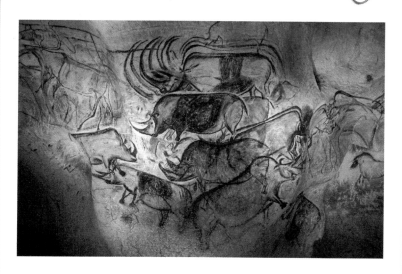

这幅壁画据推测有约 3.8 万年历史,精致程度和创意性都具有较高水平。壁画用透视法呈现了金钱豹、野牛等多种动物,为突出轮廓,还抠除了部分岩壁,用手指和工具上颜料,从而增添质感

智人之所以画壁画和制作雕像,是因为相信人死后灵魂依然存在,以这种方式表达对自然的崇敬。智人通过想象祖先实际不具备的能力和肉眼看不见的东西,表现自己的梦想和记忆,通过一系列有象征意义的行为,发挥自身的创造力。最古老的宗教和艺术也是在这一时期出现的。

智人正是进行着以上多种多样的活动,并由此制作出

多种生活工具。在适应持续变化的气候的过程中，智人的食谱、狩猎和采集技术及战略也发生了变化。他们利用骨头制成的标枪，准确地掷中猎物，并制作出了锋利的刀刃和矛头。在捷克的帕夫洛夫附近，考古学家发现了一处埋有 100 余具猛犸象骸骨的骸骨堆；在法国梭鲁特雷的悬崖下发现堆积了 1 万具马的骸骨的骸骨堆。由此可以看出当时的人类专门对丰富的动物资源进行了大量狩猎。

据考古学家保尔·梅拉斯推测，当时一个智人群体的活动区域直径达到了 10 千米。他们掌握了这片区域的食物资源的种类和可用时间，从而制订计划，分配任务。他们还曾定居过，主要选择水源充足的泉边或江河流域作为定居地，在可以俯瞰周围的地方形成了部落。这种定居生活使得生活范围内食物资源的具体信息增加，并促进了工具的开发和远距离交易。比如在乌克兰梅兹勒奇发现的用作装饰的贝壳和被赋予了巫术含义的南瓜，分别来自相距数百千米的地方。

智人是如何实现与祖先不同层次的飞跃的呢？古人类学家都认为这是因为智人通过语言相互交换想法和有关世界的知识，并能通过集体学习，向下一代传授有利于生存的技术和知识。语言是区别人类与其他动物的决定性差异。虽然动物群体之间也存在各自的交流方法，但目前还没有发现能像人类一样发展语言，形成大规模的社会，并

梅兹勒奇遗迹中用骨头做成的房子

在乌克兰梅兹勒奇遗迹中，考古学家发掘出了约 1.5 万年前用猛犸象的骨头搭建而成的五座房屋（左）。复原后的房子（右）长 4 ~ 7 米，高 3 米，面积为 78.9 平方米，用骨头支撑墙壁和天花板，建造完毕后，用动物皮毛或草挡风，内部则有火盆和储存粮食的地穴

通过交换知识的方式生存的动物。

虽然很难弄清人类具体是从什么时候开始使用语言的，但了解人类语言起源的过程，为理解智人如何在适应变化多端的环境同时实现进化提供了重要依据。尼安德特人灭绝，只有智人生存下来并开创了人类文明，语言是功不可没的。详情我们后面再讨论。

至此，我们从大历史的观点浏览了人类进化谱系。尽管目前地球上只有智人，但历史上曾存在过多种人类。

600 万年前，人类最古老的祖先从灵长类动物分化而出以后，又分化出了日常直立行走的南方古猿、最早使用工具的能人、因食肉而脑容量增大的直立人、在严峻环境中通过集体狩猎生存的海德堡人、和我们最相似也是最后灭绝的尼安德特人以及直系祖先智人，再加上没有介绍的弗洛里斯人等，至少存在过 7 种以上人类。

那么是什么让人类变成了人呢？从树枝到地上的瞬间到现在，人类的身体并未出现革新性变化，但自从开始用双脚走路，人类为在自然选择中生存，逐渐掌握了一种独特的适应方式。随着脑容量增大，人类改变了饮食习惯和生活方式以确保获得必需的能量，学习技术，制作工具，形成社会并逐步扩张为大规模合作的网络，利用语言传播信息，通过集体学习发展技术及知识，最终创造了文化。

智人不过才出现了 20 万年，人类文明的飞跃是在 1 万年前随着农耕开始而正式实现。也就是说，自数百万年前诞生以来，我们大部分时间都只是比较聪明的动物，但在刹那之间，就成为影响整个地球的存在。在这 20 万年里，智人是如何生存的呢？让我们一起前往那个急剧变化的时代吧。

关于人类进化的新主张

　　2013 年，《科学》杂志封面刊登了一张头骨照片，这个头骨发现于格鲁吉亚的德马尼西地区，2005 年发现了一部分，在那之前的 2000 年发现了它的下颌骨。因为这块约 190 万年前的头骨，一篇名为"人类本是同一个物种"的论文获得了全世界的关注。

　　我们原本认同的学说是，人类经过复杂的进化，最终诞生了智人，但在德马尼西地区发现的头骨有着多种人类的特征：脑容量大约只有 0.5 升、面部较长、牙齿较大的特征与能人相似；眼眶较大、后脑部较短、牙齿前凸、身高为 146～166 厘米的特点与直立人相似；头骨较圆、额骨前凸、眉嵴偏窄的特点与智人相似。总而言之，各个人属物种的特征都能在德马

德马尼西头骨

从眼眶大、后脑部较短、头骨较圆和额骨突出等特征来看，该头骨具有人属的所有特征

尼西头骨上找到。

研究团队以这块头骨为依据，提出了一个新主张：有一个物种同时具备能人、直立人和智人的特征，经过 190 万年分化成多个人种。而现在的学说认为是不同物种通过进化形成了复杂的谱系。目前能支撑这一新学说的证据只有德马尼西头骨，但学界不能

关于人类进化的两种假说

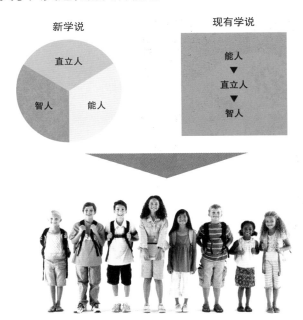

新学说

直立人
智人　能人

现有学说

能人
▼
直立人
▼
智人

现有学说主张人类是由古人类进化而来，经历了能人、直立人和智人的阶段。但以德马尼西头骨为依据，出现了新主张，认为人类是由具备所有特征的同一种古人类分化而来

因为一块化石就鲁莽地下定论，因此要证明这一新假说，还需要更加明确的证据和研究。但这一假说确实令原本稳固的现有学说有所动摇。

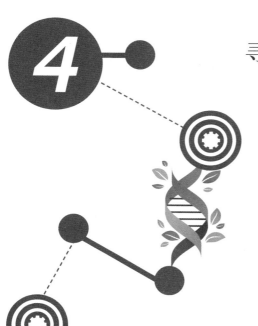

寻找最初的智人

"7月18日11点13分，荷兰国际邮件发货。"

"7月25日11点33分，到达仁川机场。"

"7月25日16点25分，到达仁川国际邮政局。"

"7月26日10点08分，到达高阳市邮政局。"

"7月26日17点41分，到达麻浦区邮件中心。"

"7月27日13点25分，麻浦区邮政局派送。"

"7月27日15点37分，麻浦区邮政局派送完毕。"

　　如今，购买外国商品后不到十天就能收到，通过网页和手机应用程序还能确认商品的实时位置和物流信息，通过商品的移动路线还能追溯到它的发货地。

　　古人类学家用类似的方法推测祖先的移动路线，致力

多地起源说

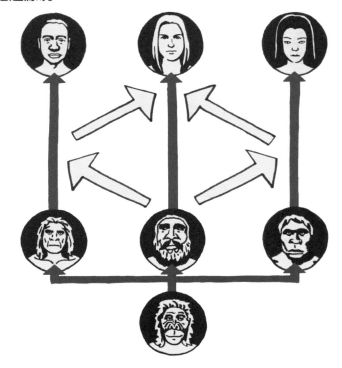

于寻找当今人类的起源。而令人吃惊的是，学者们最终得到的结论是：我们是由同一个祖先分化而来的，我们都是智人的后代。

古人类学家把智人，也就是我们的直系祖先从哪里出现这一问题定为了最大难题。智人是由尼安德特人进化而来的，还是分属于不同的进化体系呢？

一直到20世纪70年代，大多数人都相信人类是由南方古猿开始，经过尼安德特人等阶段，最终进化为智人，

非洲单源说

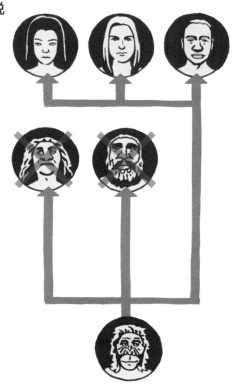

那时的欧洲人还认为尼安德特人是欧洲人的直系祖先。但进入 20 世纪 80 年代后，多地起源说被提出，后来又有人提出了非洲单源说，形成了两种学说对立的局面。

多地起源说

1984 年，人类学家米尔福德·沃尔波夫发表了多地起源说，主张离开非洲的直立人分散到世界各地后，在各个地区独立进化。他解释说，出现在各个地区的人类直系祖先与当时的其他古人类相互交流，基因相互结合，最终进化为现在的智人。多地起源说认为欧洲人的祖先是尼安德特人，非洲人是从南方古猿到直立人一路进化而来，亚洲人的祖先则是北京人。如果用图说明这一假说，就像教会烛台一样分叉，因此它又被称作"教会烛台说"。

多地起源说认为数十万年前，直立人离开非洲，迁徙至欧洲、亚洲等地，与当地古人类的特征相融合，从而实现进化。于亚洲北部出土的古人类头骨，面部、颌骨结构和铲状的门齿等特征，同时出现在 75 万年前的化石、25 万年前的化石及现代中国人的身上。这意味着现代人类所具备的特征是通过在生活区域内长时间的进化，经过交换基因或类似的进化过程而逐渐形成。

欧洲人和非洲人一直保持着他们从 2 万年前开始就具备的解剖学结构特征这一点尤其要注意。根据这一主张，欧洲人的大鼻子和澳大利亚原住民坚硬的颧骨，都是从 40 万年前 ~ 4 万年前生活在欧洲的尼安德特人和 190 万年前 ~ 14 万年前生活在印度尼西亚的直立人遗传而来。

非洲单源说

1987 年，分子生物学家艾伦·威尔逊发表了非洲单源说，认为智人的祖先出现于非洲，而后分散至全世界。他认为大约 20 万年前，最初的智人出现在非洲并实现了进化，于 15 万年前～10 万年前离开了非洲分散至全世界。他还推测离开非洲的智人于 6 万年前到达印度尼西亚和澳大利亚，4 万年前到达了欧洲。

非洲单源说认为智人在单一地区形成的群体扩散到多个地区后，没有和当地的尼安德特人等现有人类群体混合，而是独立生存，因此这一学说又被称作"单一区域起源说"。智人凭借出色的直立行走和语言能力，不仅适应了新环境，而且在其他人种被自然淘汰（灭绝）后依然生存了下来。还有部分学者认为是智人引发了导致其他人类灭绝的冲突。

与依靠化石研究的现有研究方式不同，非洲单源说依靠的是分析基因的分子生物学。在 20 世纪 80 年代，艾伦·威尔逊、丽贝卡·卡恩和马克·斯通金在人类细胞核及线粒体 DNA 中发现了智人的分子记录。研究团队尝试通过比较世界各地现代人的 DNA，了解人与人之间的关系。他们的目标是通过分析对比遗传基因的多样性，寻找线粒体夏娃（人类的共同母系祖先）。遗传基因的结构越是多样，我们距离起源就越近一步。

之所以想在分子生物学领域通过研究线粒体 DNA 寻找人类起源，是因为线粒体提供了一个精密的分子钟。分子钟能测定 DNA 发生突变的次数，从而推导出突变发生的时间。线粒体作为分子钟有几个优点。

第一，细胞核中的 DNA 中有 3 万 ~ 4 万个基因，但线粒体 DNA 中的基因数量只有 37 个，因此更容易分析。

第二，线粒体 DNA 的突变速度快且次数多。突变次数越多，遗传差异就越大，又因发生速度一定，可逆推出突变发生的时间。由于线粒体 DNA 突变速度快，人类在上百万年的时间里，各个体之间出现了明显的遗传差异，只要根据个体的突变次数，以一定时间间隔反推，便能找出分化的时间。同时，又因突变速度快，100 万年以内的突变，还能推算出准确年代。

第三，细胞核 DNA 发生的突变大多具致命性，容易导致个体死亡，但线粒体 DNA 的突变对个体存亡没有任何影响。因此我们所携带的线粒体是遗传自古老的人类共同祖先，通过调查从那时到现在发生的突变次数，就能反

揭晓智人起源的化石地图

从化石的出土地点和年代能估测出智人的起源。第一个智人标本发现于撒哈拉以南的非洲地区和西亚地区，而尼安德特人的化石发现于欧洲等地和西亚一带。

线粒体

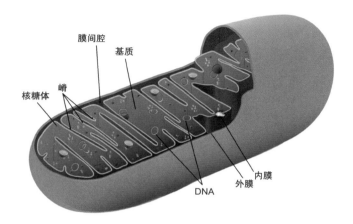

膜间腔

基质

核糖体

嵴

核糖体

DNA

外膜

内膜

在构成人体的 100 万亿个细胞中，每个细胞里都包含了上千个线粒体。线粒体中携带 DNA 和 RNA（核糖核酸），负责进行自我复制并合成 ATP（腺苷三磷酸）。细胞核 DNA 中有 3 万 ~ 4 万个基因，而线粒体 DNA 中只有 37 个基因

推出人类出现在地球的时间。

第四，线粒体 DNA 只能通过母系遗传。女性的卵子中有许多线粒体，但精子只有尾部才有线粒体，卵子与精子结合时，精子中的线粒体会随着被截断的尾部一同脱落，因此受精卵中只剩下女性的线粒体。结果便是只有母亲的线粒体 DNA 遗传给了孩子，因此同一个母亲生下的

孩子体内的线粒体 DNA 最相似，随着世代繁衍，由于突变，差异会越来越大。沿着突变往前追溯，最终会发现所有人的线粒体 DNA 都来自同一个女性祖先。

威尔逊将世界分为非洲、亚洲、欧洲、澳大利亚和新几内亚等，利用线粒体分子钟对代表各地区的 147 名女性体内的线粒体 DNA 进行了分析。结果显示，她们都是 20 万年前生活在非洲热带草原地区的同一个女性"线粒体夏娃"的后代。

艾伦·威尔逊和丽贝卡·卡恩等人组成的研究团队收集了多个地区人们的线粒体 DNA，对其进行研究，以研究结果为基础，提出了"智人的祖先是 20 万年前的一名

分子进化中性学说

生命体的 DNA 中有相当大一部分没有携带基因。1968 年，日本的木村资生指出大部分 DNA 突变不会对个体适应和繁殖产生影响。也就是说，这对于生存无利也无害，是中性的。不利于生存的突变都被淘汰，无法在后代身上找到，而有利于生存的突变会遗传给所有后代，无法确认是不是突变，所以可观察的突变只能是中性的。因此，不管未被淘汰的突变频率逐渐增加还是减少，只要知道频率变动模式，就能推测出这一生物群体的历史。

线粒体 DNA 分析结果

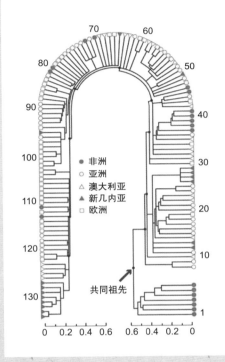

分析对象为 147 名女性，她们来自非洲、亚洲、欧洲、澳大利亚和新几内亚，对她们的线粒体 DNA 的突变类型进行分析，结果显示，她们都是 20 万年前一名生活在非洲的女性的后代，这一女性所属的群体就是智人的起源

非洲女性"这一假说。他们分析遗传基因，给出进化谱系，认为智人没有和尼安德特人或其他人种混种繁衍，是唯一生存到现在的人种。

后来，分子生物学家迈克尔·哈默对线粒体基因组进行分析，发现人类谱系中最古老的三个分支都是非洲人，其后是非洲人和非非洲人的混合人种。他解释说，智人起源于非洲，后来有少数群体移居至非洲以外的地区。之后他又将智人共同祖先出现的年代更正为 18.15 万年前，非洲系和非非洲系共存的年代更正为 5.2 万年前。

决定性证据——长者智人

2003 年，《自然》杂志刊登的一篇论文给有关智人起源的争论画上了休止符。1997 年，美国的怀特研究团队在非洲发现了两个成人和一个小孩的头骨，并公布了他们是现代人的直系祖先这一研究结果。当时发现的最古老的智人化石是来自 10 万年前，但非洲单源说认为智人的起源年代是 20 万年前，因此科学家们需要一个能填补 20 万年前至 10 万年前这段空白的证据。就是这时，人们发现了据推测生活在 16 万年前的"长者智人"，算是填补这一空白的决定性证据。

然而主张多地起源说的学者们认为，长者智人的化石分布在全世界，不过目前只在非洲地区发现了而已，并将据推测生活在 200 万年前的中国古人类化石作为依据。由于中国的古人类化石中有 86% 发现于长江流域，因此他们认为中国人的祖先发源于长江，之后逐渐移居到中国北部的蓝田和北京。

长者智人复原图

生活在大约 16 万年前的长者智人被发现于埃塞俄比亚的阿瓦什地区。埃塞俄比亚语中，"长者智人"意为"古老的人类"，它是智人遗骨中第二古老的化石

有基因分析和化石证据为支撑，有关人类起源的争论也以非洲单源说获胜而告一段落。

接连不断的争论

非洲单源说认为智人离开非洲分散至亚洲和欧洲，却完全没有与当地的其他人类融合，而是凭借智力、语言及大规模合作，在与其他人种的竞争中获胜并生存了下来。但支撑这一假说的基因分析依靠的是从少量尼安德特人骸骨中提取的 DNA，如果出现不一样的分析结果，假说随时可能被推翻。而实际上真的出现了引起争论的研究结果，使得争论之火再度燃起。

多地起源说也存在一些问题。回溯智人的起源，如果将 190 万年前的直立人当作直系祖先，那么一直使用到现在的人属物种名字也要全部更正为"智人"。这是因为如果可以交换基因就属于同一物种，那么直立人和智人都属于同一物种，而直立人之后分化出的其他人属古人类也都应该是智人。

在几十万年的时间里，地球环境不断变化，实际存在过的祖先的痕迹，大部分是很难保留下来的。即使某个地方留下了痕迹，也很难被发现。但为了知道最初的人类是谁，他们是如何与动物区分开来，形成了自己的独特之处，我们的研究还需要继续。因此，古人类学需要继续发展，通过最新研究寻找更古老的痕迹。

古人类学的方法论

古人类学是理解人类起源与进化过程的学科。远古的骨头和工具具体是什么时候的，用途是什么，如何使用，要了解这些，方法有很多，大部分都是以测量放射性同位素衰变情况为基础。由于古人类学要研究时间上的先后顺序，因此必须对测定时间的方法有所了解。古人类学的相关学科非常多，自然科学、生物科学和社会科学领域中有许多学科都与古人类学相关。除此之外，遗传学和分子生物学也与古人类学的研究有关。

形质人类学

形质人类学的目标是以从过去到现在的进化为基础，将人类的生物学特征与文化特征相结合，从整体了解人类。因此学者们为了解人类的变化过程，正在从分子层面到物种层面，进行多角度的研究。形质人类学大致可以分为进化生物学、古人类学、灵长类学

古人类学相关学科

自然科学	生物科学	社会科学
地质学	体质人类学	考古学
地层学	形质人类学	古气候学
岩石学	古生态学	文化人类学
土壤学	古生物学	人种志学
化学	灵长类学	种族文化考古学
化石学		

古人类学家从年代（地质学、古生物学、地形学）、古生态学、考古学观点来综合分析古人类行为、从化石上观察到的解剖学特征，最终发表研究结果

和人类的多样性研究这四个分支，同时还需要解剖学和地质学等领域的知识作为支撑。最近体质人类学也被称作生物人类学。

化石学

"化石"意为留在堆积物中的地质时期古生物遗骸或活动痕迹。通过化石，科学家不仅能推测出古生物的外貌，还能推测出当时的环境。通过比较各地质

蛇颈龙

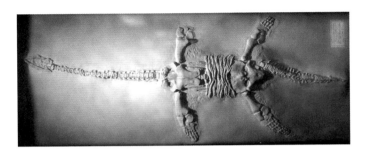

蛇颈龙是生活在海里的爬行动物，有 4 只鳍脚、长脖子和尾巴

时期留下的化石，可以得知生物的外貌有了怎样的变化，灭绝的动物和现在的动物有着怎样的关系。动物化石学还会利用标志动物化石推测年代。标志化石的选取条件一般是物种散播速度快、范围广，在一个地区同时消失，或在进化阶段变化快。

考古学

考古学是通过揭晓人类留下的各种遗存的特点和它们之间的关系，对人类的行动、社会文化及经济等各方面进行研究的学科。从 500 万年前到现在，人类

埃及木乃伊发掘现场

由瑞士和埃及考古学家组成的考古团队发现了公元前 1600 年的木棺，它长 2 米，宽 50 厘米。考古学家们推测这具木乃伊是古埃及第 17 代王朝的高级官员

在地球上留下的所有遗迹都是如今考古学的研究对象。要想了解无文字时代的人类历史，考古学是必不可少的一门学科。通过考古学，我们可以了解到人类起源于何时，如今多样化的世界文化经历了怎样的发展过程。直到 19 世纪中期，学科系统中才有了考古学的一席之地。在那之前，对于古代，尤其是史前时

期的遗迹和遗物，西方是根据《圣经》中的《创世记》，东方是根据五行等传统学说进行解释。但是随着区分古代文化历史的标准和解释遗迹堆积层的方法论的确立，且对遗物的形态变化所含的时间意义也有了科学的理解，考古学应运而生。从那以后，科学理解人类的过去成为可能。

地质学

追踪人类起源的过程中，将地球历史分为不同时期的地质时期划分方法，对我们了解多种化石之间的关联性和当时的环境有着重要作用。要分析古人类学化石，研究地质时期的地质学是必不可少的。

地质学通过比较过去堆积在地层中的化石或岩石，从而区分时期。当发现了可当作指标的动植物化石时，将各地层的岩石与之相比较，便能得知化石形成的大致时期。即使地理位置相距遥远，只要将化石与岩石相比较，就能了解地层的结构。根据地质学研究成果划分的地质年代表包括 46 亿年前的太古代到新生代第四纪后期（从 13 万年前到现在）。

相对定年法

地质学研究能通过相对定年法得知遗迹、遗物和与之相关的动物出现的先后顺序。相对定年法以基本的"堆积法则"为基础，只要没有出现倒转层序，则下面的堆积层就比上面的堆积层年代更久远

古气候学

地质学为古人类学研究提供了定年方法，但还有一些自然选择因素也引起了学者们的重视，这些因素在人类进化史上重要的新生代时期发挥了很大作用。学者们将气候变化视作核心因素，即气候变化产生的四季与人类祖先的出现及进化有着密切的联系。古气候学的研究范围包括了地质时期，是专门研究长期气候的学科。

研究古代气候的古气候学，在初期主要依靠冰川学。如今对冰期的研究是以广泛的、高度专业化的数据为基础的，研究过程更加复杂微妙。古气候学为其提供气候学上的框架，引起了巨大的革命，在过去半个世纪里一直占据主导地位。

地球接收热量的周期性变化会导致气候变化，从海侵海退可发现历史上地球气候的变化，氧同位素 ^{16}O 和 ^{18}O 的相关计算可以揭示地球冰川量，所有这些都可用于推测过去的气候。

古气候学研究方法

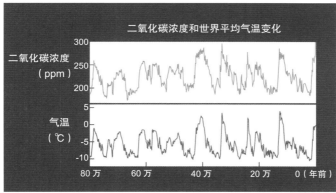

古气候学家们用从南极大陆采集的冰芯（上）测定过去的氧气含量，寻找有关地球气候变化（下）的重要线索

遗传学与分子生物学

分子生物学是以现有动物为基础进行研究的学科。所有生物体内的每个细胞都有遗传物质，众所周知，它在生物体生长所需的蛋白质合成方面发挥着核心作用。这一物质又被称为 DNA，由两条多核苷酸链组成双螺旋。遗传学正是通过研究 DNA，进而研究遗传基因的移动方式、变化性、物质基础，以及与外界的关系等。

分子生物学揭示生命体内蛋白质和 DNA 的形成过程，并通过分析它们的结构和特性，揭晓它们通过怎样的相互作用产生生命现象。尤其是在研究生物物种进化时，科学家通过分析蛋白质或 DNA 中累积的变异比率，推测分化时间，分子生物学在其中起了决定性作用。通过化石记录，我们得出人类是从 600 万年前的共同祖先分化而来的结论，分子生物学为这一结论提供了支撑。

放射性同位素定年法

收集到古人类学或考古学的第一手资料，如化石、遗物或遗迹等时，最先做的就是考察它的年代。

DNA 双螺旋结构

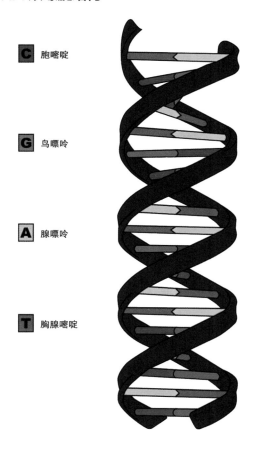

C 胞嘧啶

G 鸟嘌呤

A 腺嘌呤

T 胸腺嘧啶

　　DNA 是由碱基序列组成的两条链结合而成的。DNA 的每条链上有四种碱基（胞嘧啶、鸟嘌呤、腺嘌呤和胸腺嘧啶），每个碱基与相应的碱基相遇就能与之结合

测定年代的方法有多种，但目前还没有一种测定方法是足够严谨或实用性够强、可绝对信赖的，所以测定遗骨、遗物的年代依然是个有许多争议的领域。因此，除了相对定年法之外，同时运用多种技术，多角度测定年代的方法更加可靠。

我们再来了解一下年代测定法中的放射性同位素定年法。放射性同位素定年法是一种极具创新性的方法，可以说绝对定年法就是从这里开始正式发展的。最初由利比于1949年发明，并且凭此获得了诺贝尔奖的这一方法主要是通过考古资料里有机物中碳-14（^{14}C）的含量来推算生物的生活年代。

尽管这个方法给绝对定年法带来了巨大发展，但同时也存在几个问题。最大的问题就是放射性碳定年法的测定范围被限制在5万年前~4万年前。^{14}C的半衰期是5568年，如果遗骨是5万5680年前的，说明经历了10个半衰期，那么遗骨中剩余的^{14}C非常少，很难测定具体年代。为完善这一方法，科学家们又发明了K/Ar测定法，即钾-氩定年法。

钾的同位素钾-40（^{40}K）会衰变为氩（^{40}Ar）。利

放射性碳定年法

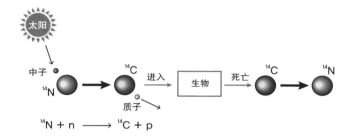

$$^{14}N + n \longrightarrow {}^{14}C + p$$

大气中的部分氮原子会因太阳光照变为放射性 ^{14}C，然后进入生物体内维持一段时间。但是生物死亡后，放射性 ^{14}C 会逐渐衰变，变回氮原子（^{14}N）。因为放射性 ^{14}C 会按一定的规律（半衰期为 5 568 年）减少，因此可以通过测定放射性 ^{14}C 的含量来推测生物生活的年代

用这一性质，通过测量物质中 ^{40}K 和 ^{40}Ar 的比率，能推算出 ^{40}Ar 的积累时间。^{40}K 的半衰期为 13 亿年，可以充分扩大测定的范围，但是和放射性元素 ^{14}C 相反，由于 ^{40}K 的半衰期太长，这个方法无法适用于 40 万年前之后的岩石。最近，测定结果更为精确的氩–氩定年法开始被广泛使用，这个方法的结果十分精确，利用庞贝城遗物测出的年代与火山爆发的实际时间只相差 7 年。

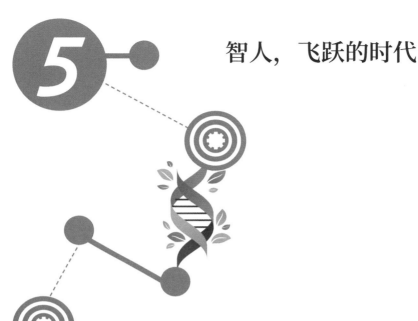

智人，飞跃的时代

智人离开非洲分散至全世界，经过与环境的相互作用，各自具备了不一样的特征，其中之一便是肤色差异。我们熟知的白种人、黑种人和黄种人其实与生物物种无关，只是单纯地以肤色进行区分。

肤色是怎样变得不同的呢？随着人身上的毛发减少，皮肤暴露在紫外线之下，为了保护皮肤，细胞生成了黑色素，用于隔离紫外线、维持体温和保护皮肤。生活在赤道附近等日照较多地区的人们，体内生成了大量黑色素，因此皮肤变成了黑色。相反，生活在极地等日照较少地区的人们，体内的黑色素也较少。

人体可接收紫外线，在体内合成维生素 D，但黑色素会阻止维生素 D 的合成。因此，生活在紫外线少的地区的人，体内的黑色素也会被抑制。白色皮肤就是从智人离开非洲，迁移至极地的时期出现的。如肤色一般，根据环境灵活进行变化的适应能力可以说是智人独有的特征。

但这种适应能力并非突然出现在智人身上。在上百万年的时间里，有人开始直立行走，有人增大了脑容量，有人学会使用工具，有人发挥想象力，才使得智人的各种特性有所进化。这些发展不断累积融合，才在智人这里实现了大飞跃，祖先们过去 600 万年都没有变化的生活，从此完全被改变。

走到地球尽头

古人类学家们提出了智人起源于非洲，而后扩散至全世界的假说。为证明这个假说，分子生物学家们收集世界各地现代人的遗传基因，对其多样性和突变频率进行比较。研究方法是从 29 个地区采集 485 个人的 DNA，对大约 50 万个 DNA 标记进行比对，研究目的是了解各人类群体之间的关系和古人类的迁移路线。研究结果表明，在现代人中，非洲人的遗传基因最具多样性，不利于生存的突变最少。距离非洲越远，遗传基因的多样性就越低。这说明智人的迁移路线是从非洲出发，途径西亚、欧洲、亚洲其他地区和太平洋岛屿，最终到达美洲大陆。

化石证据则有出土自以色列，据推测是 10 万年前的智人化石，和中国出土的 6.8 万年前的化石。据推测，智人的扩散方式应该是少数群体在短时间内零星迁移，直到 6 万年前出现了大规模迁移。智人群体在 6.5 万年前～5.5 万年前扩散至西亚和欧洲，在 4.5 万年前扩散至亚洲其他地方，在 4 万年前扩散至澳大利亚，1.4 万年前～1 万年前扩散至了美洲。

少数离开非洲的智人最终在亚洲大陆的南部与欧洲定居，可是依然没有足够的证据与资料确认他们的移动方式和开始时间。部分学者主张，智人因自然灾害身陷危机，为解决生存问题从而选择离开非洲。他们关注的是一次有名的超级火山爆发——7.4 万年前印度尼西亚多巴火山爆发，其爆发指数达到了 8 级。火山喷射出的火山灰覆盖整个东亚地区，在几年时间里，使欧洲的气温降低了 5 度。

智人的全球扩散

智人是何时、如何从非洲迁移至其他地区的？关于这个问题目前依然争议不断，但更根本的疑问是为什么要迁移。考古学家们提出了气候变化、文化和技术革命等多种假说，并在全世界寻找证据。

同一时间，非洲正经历长期的极度干旱，生存本就十分艰难，再加上火山爆发带来的后遗症，人类陷入了灭绝的危机之中。在人口减少了数千名的情况下，智人也不得不远离故乡，去寻找更舒适的生存环境。

有学者提出相反意见，认为智人迁移发生在多巴火山爆发之前。尽管不能成为决定性证据，但人们确实在阿拉伯半岛发现了大约 10 万年前的智人留下的痕迹。目前对于智人的移动路线、时期和方法之所以争议不断，就是因为缺少决定性的线索。众多学者都认为应暂时保留意见，集中力量寻找更多的线索。

虽然目前研究成果还不多，但可以确定的是智人群体离开非洲扩散至全世界，并且在 6 万年前气候稳定后，人口规模变大，扩散速度也变得更快。

尼安德特人为何消失？

智人与尼安德特人共存过一段时间。在灭绝之前，尼安德特人一直在欧洲与亚洲活动，而智人则离开非洲迁移至欧洲与亚洲。即使不是同一个时期，但有证据表明智人曾在尼安德特人的居住场所中停留过。考古学家们在以色列的斯库尔洞穴和卡夫泽洞穴中发现了莫斯特石器，还发掘出了智人和尼安德特人的骸骨，经确认，他们都生活在 10 万年前。

不同种族的人第一次见面时，会持友好态度吗？现代社会通过网络连接，全世界人民都可以实时进行交流，但在几百万年前，即使种族相同，肤色、语言、文化不同，也足以让人戒备、畏惧。

如果没有心理准备，突然遇见和我们外貌相似的外族人时，我们很可能会持敌对态度。想象一下我们在树林中遇见了大猩猩群体，智人和尼安德特人的初次见面就是那种感觉。

遗憾的是，不管是通过考古记录还是遗传研究，都无法得知他们是否有过交流，就连他们各自的生活方式我们都无从知晓。我们知道的是，我们所发现的最后的尼安德特人生活在 4 万年前。据推测，在这个时期前后，尼安德特人灭绝，只有智人生存了下来。那么为什么只有智人生存了下来呢？或者说尼安德特人为何消失了呢？

尼安德特人的平均寿命为 30 岁左右，一个人能从事生产活动的时间非常短。2001 年，古人类学家艾伦·沃克通过研究尼安德特人的牙齿，对他们的生长速度进行测量。牙齿的牙釉质有类似树木年轮的纹路，可以用来确认生长速度。测量结果显示，尼安德特人在 12 万年前的生长速度与现代人相似，露西等古人类的生长速度则与黑猩猩相似。公黑猩猩 8 岁左右，母黑猩猩 6 岁左右便发育成熟，继而寻找配偶，但随着能人和直立人的出现，人类的幼年期逐渐延长，生长速度也随之变慢。

　　根据之后古人类学家塔尼娅·史密斯对更多牙齿进行分析的结果，我们得知尼安德特人在 15 岁完全发育成熟（现代人是 18 ~ 20 岁），这与 180 万年前图尔卡纳少年的生长速度大致无差。这也意味着到了尼安德特人时期，幼年期延长的进化趋势有所倒退。他们身上到底发生了什么事呢？

　　尼安德特人大约从 40 万年前开始在欧洲等地生活，其间经历了两次冰期。他们拥有比智人更大的体格和脑，部分学者认为笨重的身体反而使他们在恶劣环境中处于劣势。为了维持体温和基础代谢，他们每天要比智人多摄取最多达1456 焦的营养物质。虽然在现代社会中，这只是一个汉堡的热量，但在 5 万年前，对于以狩猎、采集为生的他们来说，要获取如此多的食物并不容易。尼安德特人是必须靠近动物才能使用矛的猎人，虽然以肉为主食，但能获取的食物很单一。再加上他们生存的时期大部分属于寒冷的冰期，不仅要提防大型哺乳动物，还要四处狩猎，生活很是艰辛。

尽管尼安德特人的痕迹广泛分布在欧洲和亚洲，但总人数只有约 7 万人。人口数量不多，寿命又短，因此要想维持种族生存，必须快速生长，填补去世年长者的空位，并且还要早早生孩子才能维持群体生存。分散的各群体之间交流文化，共享子嗣，不求发展，反而把进化方向转向了维持现状。

在短暂的幼年时期，用于学习、玩耍和发展社会性与

尼安德特人与智人的居住区域
大约从 40 万年前开始，在欧洲等地生活的尼安德特人和从非洲迁移至欧洲、亚洲等地的智人，在部分区域共存。

创造力的时间不足，使得个人的适应能力降低，通过创新解决问题的智力低下。况且，尼安德特人群体中没有老人给孙辈传授经验和知识，导致有价值的知识及信息难以获取和积累。所以即便尼安德特人拥有历史上最大的大脑，从他们的遗迹中发现的工具在数十万年的时间里也没有大的变化，技术水平在原地踏步。虽然对生存问题心急如焚，可在他们最后生存的 2 万年里，人口还是减少到了 1 万人左右。

关于尼安德特人的灭绝原因，有几种假说。有人主张智人和尼安德特人之间的冲突导致了大屠杀；有人认为他们是在进化的竞争中失败，于是被淘汰；相当多的学者认为没能解决粮食问题，以及技术不够发达，使得尼安德特人没能挺过最后一个冰期；还有假说认为 3.9 万年前的坎帕尼亚火山爆发造成食物短缺，从而导致灭绝；另有人认为尼安德特人与智人混种繁衍，逐渐被同化。自 2010 年一篇关于一部分尼安德特人的基因传给了我们的分析报告发表以来，混种繁衍的观点有了更多的说服力。一个生物物种的灭绝，是许多复杂的条件和情况不断累积，最终导致发生的。虽然目前还没有出现能反驳这一观点的明确证据，但智人具备尼安德特人所没有的特征这一点是不争的事实。

坎帕尼亚火山爆发

坎帕尼亚火山

3.9 万年前，一场巨大的火山爆发，在坎帕尼亚山附近形成了一个破火山口。火山爆发流出的熔岩至少覆盖了方圆 80 千米的土地，火山灰柱高达 44 千米，火山灰覆盖了大部分东欧地区。此次爆发形成的火山灰层也成为测定考古遗迹年代的指标，甚至在俄罗斯的火山灰堆积地区也发现了工具、工艺品和牙齿等古人类遗物和化石

智人是如何生存下来的？

　　出现于 20 万年前的智人至少与三种以上不同的古人类共存过，分别是据推测最后一代人生活在 14 万年前印

弗洛里斯人

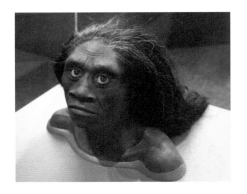

弗洛里斯人的复原图（左）。2003 年，古人类学家迈克尔·莫伍德在弗洛里斯岛上发现了一个很小的头骨化石（右）。弗洛里斯岛被深海包围，很难与大陆连接，在这里发现古人类化石是一件不可思议的事。据推测，这块化石的主人生活在 10 万年前至 5 万年前。但是，仅有的一块弗洛里斯人化石显示其脑容量为 0.4 升，比黑猩猩更小，身高也只有 1米左右，因此又被称作"小矮人"。弗洛里斯人被认为是与智人或尼安德特人完全不同的人类，他们体格变小的原因目前正在研究中

度尼西亚爪哇岛的直立人，尼安德特人，还有被孤立于弗洛里斯岛、5 万年前灭绝的弗洛里斯人。

和同时代的其他人类一样，智人也经历了许多次灭绝危机，比如，7.4 万年前，在突如其来的寒流与干燥环境中，他们依然生存了下来。与直立人、尼安德特人和弗洛里斯人在孤立地区迎来灭绝不同，智人选择主动去寻找新

环境。他们到达西亚时，那里也是一片连树木都没有的荒芜之地。

但是他们在非洲的时候，就开始到远处狩猎，获取食物和水；褪去体毛，流着汗水，可以长时间行走或奔跑；制作并使用复杂工具，用语言进行交流，通过远距离交易维持各群体之间的关系；发现好的狩猎地点或有果实可采摘的地点时，相互共享信息。尼安德特人制作工具的材料都来自 50 千米范围之内，但智人使用的材料最远来自距居住地 320 千米的地方。考古学家克莱夫·甘布尔说过，智人的社会网络十分广阔，足以和几百千米之外的其他群体交换物品。在遭遇食物不足或严寒等艰难困境时，这种广阔的社会网络意味着拥有了合作的血盟或同盟。相反，目前还没有找到尼安德特人与其他群体互动的痕迹。

智人尽可能地延长幼年期，以便培养个体的多样性。人类的幼年期比黑猩猩长 6 年，进化生物学家史蒂芬·杰伊·古尔德说过，人类以未成熟的状态出生，在漫长的幼年期，经父母的照顾有了较高水平的社会性。为了让头脑和身体健康发育，游戏是必不可少的，这同时还对减少压力、增加生活动力和延长寿命等都有帮助。团体活动有助于增强社会归属感，提高认知能力和共情能力等情感方面的能力水平，从而培养社会性。在幼年期的玩耍过程中学习到的知识和信息，得到培养的想象力和创造力使得人类的生存能力和适应能力有了飞跃性的发展。

幼年期增长，寿命也随之增长。与平均年龄大约为30岁的尼安德特人相比，智人的寿命增长了20岁以上。他们的群体中有小孩、成人和老人三代共同生活。寿命的延长不仅使得食物供给变得稳定，开始定居生活，身体也一同出现了变化。大部分动物到了无法繁殖的绝经期后就活不了多久，但人类女性即使到了50岁左右无法怀孕生子，依然还可以活很久。对此，人类学家们提出了不用亲自生子也能提高后代生存率、帮助繁殖的"祖母假说"。

人类学家雷切尔·卡斯研究团队对786个古人类化石进行分析，调查了他们的平均寿命。结果显示，与其他古人类相比，智人的老年人占比是青年人的2倍以上。当无法利用文字传授知识或信息时，有着丰富经验的人可以亲自传递自己积累的信息。在没有文明的社会中，老人的作用十分重要，可以决定群体能否生存。

研究团队推测，随着老年人口增加，创造性的艺术活动也越发频繁。艺术、象征和意识为抽象的东西赋予了意义，能让人思考自己的本质，与他人分享情感，并且预测未来，继而发展为从过去的经验和知识中发现新事物的创造力，这种创造力便是技术革新的源泉，也是文化之花绽放的根源。

奥瑞纳文化

在奥瑞纳洞穴中发现的石刀（左）和女性雕像（右）

　　展现智人文化特征的典型例子就是奥瑞纳文化。考古学家在法国奥瑞纳洞穴中发现了 2.6 万 ~ 3.2 万年前人类的遗物，包括石刀、雕刻器和骨针等工具，还有用骨头磨成的女性雕像等陪葬品。奥瑞纳文化不仅限于欧洲，还扩散到了俄罗斯和西亚。分享艺术和文化的群体能凭借归属感和认同感变得更加团结。

　　美国学者理查德·霍兰主张由于智人建立了交易-分工这种经济体系，所以与尼安德特人的命运不同，而且这还促进了文化的发展。智人群体有了分工，分别狩猎、制作工具、照顾孩子等，维持着经济合作关系，为生存打下

基础。

　　冰期结束后，气候逐渐稳定，分散在全世界的智人形成了各自的文化并越发繁荣。他们利用高效的工具改进了狩猎技术，发明了火塘等加工食物的工具和多种加工方法，在临水的地方建造房屋；他们还学会了制作合身的衣服，找到了储存粮食的方法；他们把黑曜石、贝壳等做成装饰品，不仅用来装饰生者的生活，也用来陪伴死者；他们会从远方的群体那里获取所需材料，并且利用涂料画画或雕刻雕像；他们在充分了解动物和植物的特性后，在肥沃的土地上栽种农作物，开始饲养马、牛和狗。然后在 1 万年前，与其他适应环境的生命体不同，他们成为利用环境的物种，开启了农耕时代。

让人类名副其实的语言

　　从宏观来看，每次变革都发生在一瞬间，不过是在现有的革新基础上累积其他改进，变成有利于生存的形式，从而实现进化。古人类的进化虽然缓慢，却在不断累积技术和革新，到智人时期时，身体、精神、技术和社会等方面的特性相互协调，使得生活方式更加多样化。掌握复杂技术与知识的智人离开非洲，去往欧洲和亚洲，从西伯利亚穿过白令海峡，前往美洲大陆、澳大利亚和太平洋的各个岛屿，为人类文明的延续提供了基础。

智人拥有和现代人类一样的特征：巨大的脑、认知能力与语言能力、工具的使用和技术革新、想象力与创造力、信仰与道德、社会性、寿命延长与关怀等。这些特征让他们理解群体成员的想法与行动、积累新的技术、预测未来并创造文化。其中利用语言的沟通方式被认为是人类文明得以发展的决定性因素。

人类的语言体系是通过结合几种基础符号创造出多种含义的。语言能让对声音含义有相同理解的人进行沟通。根据社会关系的不同，一样的话可能会有不同的意思。人类使用的单词大约有 20 万个，由此可以创造出无数有含义的句子，人类通过语言传递信息，向后代传授生存所需的知识。因为有语言，人类可以描述自己对过去和未来的想法、没有去过的地方和看不见的事物，分享自己的感情、记忆和抽象的观念。美国的心理学家史蒂芬·平克说过："不论是现在还是过去，语言能让人从某个人的天才想法、幸运的意外，又或是反复试验得到的智慧中收获益处。"这种沟通能力，也是同时代共存的其他古人类灭绝，智人却能生存下来的原因之一。

关于尼安德特人能否使用语言，有许多不同的意见。比较尼安德特人与智人的头骨，可以看出尼安德特人的喉部位置比智人高，解剖学家们认为，喉越低，能发出的声音越多样。同时，要想发出多种声音，舌头、嘴唇和喉部的动作必须十分细致。只有每个发音都准确，才能产生更多的单词进而创造出无数有含义的句子。但是如果喉部降低，人就不能同时呼吸和吞咽，喝水被呛到可以被看作发声的副作用。

很长一段时间里，科学家们都没有在尼安德特人的化石中发现与语言相关的解剖结构特征，因此许多学者认为他们不使用语言。但是最近在一块出土于以色列卡巴拉洞穴的几乎完整的尼安德特人舌骨化石中，科学家发现了他们与现代人有着相同声带的证据。短时间内，关于尼安德特人是否使用了语言的争论还会继续。

关于语言起源的研究也成为展现人类进化过程的重要标准。关于语言起源，有两大主张在激烈争斗，一种认为语言起源于很久以前，后来逐渐进化，另一种认为语言是在某个时期突然产生的。一部分研究灵长类动物的学者认为语言是在人类进化过程中的很短一段时间里快速发达了起来，语言在古人类的集体生活中，起到了强化社会连带感的作用，相当于连接成员的手段。但是最多时由 55 只猴子组成的群体，即使用声音沟通，也无法像人类一样运用高难度的语言。因此，不能说集体生活一定是语言发达的原因。

研究语言起源的传统方法是以研究古人类头骨化石为基础，通过印入头骨内部的脑部形状，分析人脑机能。一直致力于研究古人类头骨化石的拉尔夫·霍洛韦主张语言起源于约 200 万年前，从那时的能人头骨中可以看出，负责语言的部位十分发达。

人脑中负责语言的部位大致分为布罗卡区和韦尼克区两部分。这两个部分都位于皮质，布罗卡区负责话语的产生过程，韦尼克区负责话语的理解过程。布罗卡区受损的人，只会使用几个单词，无法说出功能性的句子；相反，韦尼克区受损的人，无论是他人说的话还是自己说的话，都无法理解。

在那些主张人脑从很早以前就具备语言相关结构的人中，有人认为制造出第一个工具的时候就已经有语言存在，但在能人的石器中没有发现技术变革的痕迹。语言能传递大量的信息，如果当时能用语言交流，那制作工具的技术也不会在数十万年里都处于原地踏步的状态。

相反，激进假说认为 5 万年前 ~ 4 万年前，控制智人脑部的基因出现了突变，导致语言突然产生。从这一时期开始，人类生活里出现的多种多样的文化，更加精致、多样化的石器制作方式都可以成为证据。随着开始用语言沟通，智人通过集体学习习得工具的使用方法、狩猎方法和生活方式等，并传授给下一代。同时洞穴壁画和雕像等艺

能人头骨中的布罗卡区

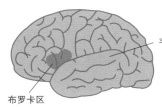

韦尼克区

布罗卡区

发现自库彼福勒的能人头骨（左，KNM-ER 1740）保存状态十分完美，可以一眼看出脑部形状。在这块头骨中，能清晰观察到与语言进化紧密相关的布罗卡区

术作品也被当作理解象征的证据。据推测，如今我们使用的语法结构和具有象征性的音韵语言都出现于这个时期。

1994年，美国的心理学家史蒂芬·平克主张人会说话是因为基因突变。从这一主张获得灵感的西蒙·费希尔在对语言相关基因进行研究后，于2002年宣布基因FOXP2与语言应用能力相关。基

语法结构
指各种语言要素结合在一起组成更复杂的语言的形式。

因 FOXP2 的状态十分稳定，几乎不会发生突变，它在胎儿脑中生成蛋白质，并形成了语言中枢。黑猩猩与人类基因的相似率高达 99%，体内也有由 715 个氨基酸组成的 FOXP2 蛋白，但其中有 2 个氨基酸与人类不同。对此，研究团队的解释是人类基因发生了突变，从而开始使用语言。同时，突变的发生时间被推测为 20 万年前 ~ 13 万年前，与智人的出现时间一致。而智人实际上开始使用语言的时间据推测为 7 万年前 ~ 3 万年前。由于使用语言需要脑的多个功能综合运转，相信未来还会发现更多与语言相关的基因。

尽管有关语言起源的争论依然不断，但不可否认的是，在使用语言的过程中，人类形成了广泛的社会网络，可以进行集体学习、大规模合作、与远方部族交换信息等。英国的社会心理学家尼古拉斯·埃尔默对人们的对话进行了分析，发现对话内容的 80% 是关于其他人的。因此，他认为人们是通过背后议论强化社会合作的。人们可以闲聊几个小时，向他人分享可信之人的信息可以发展复杂的合作关系，并从小群体扩大为大群体。英国的人类学家罗宾·邓巴认为可以通过大脑新皮质的发达程度推测群体规模，猴子和黑猩猩的族群中最多存在 55 个成员，人类则可以与最多 150 人维持亲密的关系。同时他也认为人与人之间复杂的社会关系是通过背后议论建立起来的。

以色列的历史学家尤瓦尔·赫拉利在他的著作《人类简史》中，提出人类自出现到创造出现代文明为止，共经历了三次革命。第一次是以语言为基础传播神话，实现大规模合作的认知革命；第二次是随着农耕产生剩余产

品，分出阶级，金钱、宗教和政治改变了世界秩序的农业革命；第三次是给予人类足以毁灭自己的强大力量的科学革命。这三次革命的时间间隔在逐渐缩短，尤瓦尔·赫拉利发出警告，人类文明的未来并不乐观，超出我们承受范围的力量可能会毁掉我们自身，结束智人20万年的历史。为了防止这种最坏的结局出现，我们应该再次思考让我们生存到现在的人类本质问题。

尼安德特人没有灭绝

2010 年，马克斯·普朗克进化人类学研究所的斯万特·帕玻研究团队在分析古人类 DNA 的基础上，提出了一个有关尼安德特人灭绝的新假说。斯万特·帕玻从 2006 年开始就在对提取自尼安德特人细胞核 DNA 的基因进行解读。

首先他证明了尼安德特人的线粒体 DNA 与全世界的智人都大有不同。他支持非洲单源说，而且确定尼安德特人和我们在解剖学结构上有明显差异，没有任何遗传联系。但这是只对线粒体 DNA 进行研究得出的结论。他认为对一个人的细胞核 DNA 的各个部分进行研究，才能得出一个群体的遗传历史。为了回答何时分化出了智人与尼安德特人、双方差异有多大、他们之间有没有混种繁衍等问题，斯万特·帕玻开始了研究。

线粒体 DNA 由约 1.65 万个核苷酸构成，而细胞核 DNA 由 30 亿个以上的核苷酸构成，繁衍后代时，成对的染色体由于要分开遗传，所以会重新配对。从少量的尼安德特人化石中提取细胞核 DNA 并不容易，但是假如尼安德特人的细胞核 DNA 被复制和测序成功，解析结果显示有一部分基因也存在于我们体内，那就能证明尼安德特人在过去某个时间曾与智人混种繁衍过。

在 21 世纪伊始，学界兴起了不是智人取代了尼安德特人，而是双方在欧洲和西亚各地共存，通过交配，尼安德特人的基因传给了今天的我们的讨论。物种的概念是以能否繁殖和繁衍出的后代能否繁殖为标准确立的，如果尼安德特人真的与智人发生过混种繁衍，就应该将二者归为同一个物种，这相当于否定了现有的人类进化谱系。

斯万特·帕玻研究团队在坚持不懈的努力后，终于取得了惊人的成果。研究结果显示，尼安德特人的细胞核 DNA 中，有 4% 传给了现代欧洲人和亚洲人。2014 年，本杰明·福尔诺特和约书亚·阿基的研究团队发表了智人与尼安德特人有 1%～3% 的基因相同的

研究结果。不仅如此，美国的斯利拉姆·撒卡拉勒曼研究团队发现，两个群体体内都存在生成头发和皮肤的相同基因以及引起克罗恩病和皮肤结核的基因。撒卡拉勒曼推测道："智人在与尼安德特人混种繁衍的过程中，适应了亚洲与欧洲的寒冷气候，成功地分散开来。"这一系列的研究结果再次引起了尼安德特人是不是现代人的直系祖先这一争论。除此之外，还有研究指出我们的祖先不是尼安德特人或智人，而是第三种人类，且这种可能性逐渐增大。可见，揭示人类起源的道路还很漫长。

克罗恩病
出现在消化道上的慢性炎症，是一种自身免疫性疾病。

第三种人类
——丹尼索瓦人

2012 年，学界传出了在尼安德特人与智人共存的时代，还有第三种人类存在的消息。文章称，目前为止发现了四种与人类不同的古人类化石，其中有两种的推测年代与智人重合，分别是第三和第四种化石，对第四种化石进行分析后，科学家们吃惊地发现它是比智人和尼安德特人的共同祖先更早分化出来的完全不同的种族。

引起巨大波澜的这两种化石目前由于证据不确凿，还没有学术名称。第三种化石被取名为红鹿洞人，第四种化石被取名为丹尼索瓦人。

红鹿洞人被确认为古人类，但有很大可能不是智人。丹尼索瓦人的证据也不充分，人们只在西伯利亚的丹尼索瓦洞穴中发现了一块小孩的小拇指、一颗成

丹尼索瓦洞穴和智齿化石

在位于西伯利亚阿尔泰山脉的丹尼索瓦洞穴（左）中，发现了足以使其被分类为第三种人类的丹尼索瓦人的智齿化石（右）。丹尼索瓦人是通过 DNA 分析证明其存在过的古人类

人智齿和一部分的腿骨，但惊人的是，他们刚死亡就被冰冻，因此保存得很好。虽然不知道具体外貌，但据推测他们于 4 万年前生活在西伯利亚的东亚地区。科学家们交出了足以把丹尼索瓦人分类为第三种人类的 DNA 分析结果。

比起智人，丹尼索瓦人更像是尼安德特人的亲戚。2013 年，科学家在西班牙的胡瑟裂谷中发现了与丹尼索瓦人有着相似特征的化石，随后有人推测他们是海德堡人的后代。研究团队将丹尼索瓦人的 DNA 与世界各地的现代人 DNA 进行对比，发现前者的 DNA 有大约 6% 传给了美拉尼西亚人和澳大利亚人，巴布亚新几内亚、所罗门群岛和中国汉族人体内也存在一部分。

有趣的是，在丹尼索瓦洞穴中，人们不仅发现了丹尼索瓦人的化石，还发现了智人和尼安德特人的化石。从发现的化石年代来看，丹尼索瓦人小孩最早来到这个洞穴，接着是尼安德特人，最后才是智人。

也许他们为了躲避西伯利亚的严寒，才来到了这个洞穴，但是他们没能顺利地离开这里。他们躺在冰冷的洞穴地面上直到生命耗尽，他们是否预想到了百万年后，后代们会来到这里寻找人类起源，所以留下了信息呢？那个信息就是我们是连接在一起的。

6 我们是连接在一起的

在古人类学中，光是发现一块骨头、一个工具，就能查出它的年代、证明某个假说，甚至推翻现有的某个理论。因此考古学家和古人类学家一直在四处探索没有人去过的洞穴、地层、沙漠和峡谷等，寻找揭示人类起源的证据。寻找人类祖先的旅程并不轻松，要从极难的勘察开始，发掘到化石后还要推断年代，从部分化石掌握其主人的特征。进行基因分析时，为了避免样本被污染，研究者们事前需要准备充分。是他们坚持不懈的探索使得我们与人类起源相连。

揭晓人类起源的努力

奥杜威峡谷位于坦桑尼亚北部的塞伦盖蒂国家公园，

海拔约为 1440 米，属于高原地区，现在是马赛族的居住地。有一个人在这里为古人类学研究奉献了一生，他就是路易斯·利基。路易斯·利基于 1993 年在当时还是英国殖民地的肯尼亚吉库尤村出生，通过了吉库尤族的成人礼，是真正意义上被非洲接受的人。13 岁的时候，路易斯对一本名为《史前时代》的书产生了浓厚兴趣，并为了找到书中的石器，找遍了整个村庄。幸运的是，他找到了用黑曜石做成的工具，从此进入古人类学的领域。

路易斯进入英国剑桥大学后正式开始学习人类学与考古学，他在 23 岁时就获得研究基金，前往非洲奥杜威峡谷进行考古勘察。在那里，他发现了许多动物化石，且在维多利亚湖周围的卡纳姆和坎杰拉地区第一次发现了人类下颌和头骨的化石碎片。过于兴奋的路易斯在发掘地点钉了几根短钢筋，拍摄了几张现场照片，就带着化石回到了营地。他向学界报告了化石，可是去化石发现地点进行验证时，却找不到之前钉的钢筋了。这是因为那时当地人常用钢筋捕鱼，发现这里有钢筋后就拔走了。不仅如此，现场照片也因为胶片被曝光成为无用之物。作为考古学家，这些失误都是大忌，因为这件事，之后 15 年里路易斯都未受到学界重视。

之后别说是研究经费，路易斯连讲师的工作都找不到，在周围朋友的帮助下，他和妻子玛丽·利基一起埋头

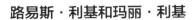

路易斯·利基和玛丽·利基

这对人类学家夫妇一生都在挖掘古人类化石，寻找人类进化的足迹

于枯燥的工作中。利基夫妇每天都身处发掘现场，就连晚上也将热情倾洒在整理发现的化石和遗物中。玛丽·利基在奥杜威峡谷附近的鲁辛加岛发现了原康修尔猿的化石，这种生活在类人猿与人类分化之前的动物，填补了灵长类动物与人类之间缺失的一环。通过这一发现，玛丽·利基作为古人类学家的名声响彻全世界。

　　玛丽·利基内向寡言，对每件事都很慎重仔细。多亏

原康修尔猿

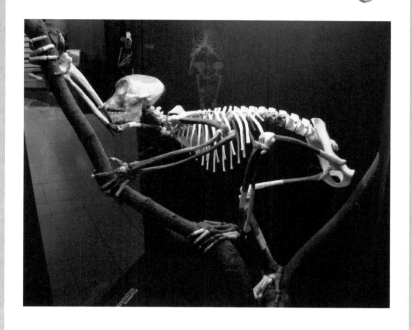

被推测为类人猿与人类共同祖先的动物原康修尔猿

了这种性格，她常用小铲子和牙科医生常用的细针进行发掘工作，结果在几个月里，她发现了上千件大型动物化石、动物的骨头碎片和石器等。玛丽就这样在奥杜威峡谷生活了 50 年，70 多岁时又发现了 370 万年前的古人类脚印化石，再次震惊世界。继妻子之后，二儿子理查德·利基也走上了人类学家之路。受到父母影响的理查德·利基大部分童年时光都在奥杜威的各个发掘现场度过。但理查德不愿生活在父亲的阴影下，希望过上属于自己的独立生活，因此他开始做起了小小的生意。做生意有了一定的经济基础后，他又在非洲开发了以富裕阶层的白人为对象的狩猎旅游项目。凭借从小在非洲玩耍积累的渊博知识，他还同时为前来挖掘化石的学者们提供帮助。最后，理查德在位于肯尼亚北部的图尔卡纳湖周边建立了自己的发掘营地。在理查德指挥下进行的图尔卡纳湖发掘工作十分成功，出土了多种人类化石，其中使他名声大噪的化石是KNM-ER 1470，如今这块化石被归类为鲁道夫人。另一个惊人的发现是从头到脚几乎每块骨头都原封不动地被发现的 KNM-WT 15000，它还有一个更响亮的名字叫"图尔卡纳少年"，它是 180 万年前的直立人化石。

之后理查德团队还挖掘出了许多化石，其中包括定年在 250 万年前，被称为"黑色头骨"的南方古猿化石KNM-WT 17000。后来理查德开始对野生动物保护产生了兴趣，因此让妻子米芙负责挖掘化石的工作，自己走上了动物保护家之路。

就这样，延续利基家族古人类学家名声的人变成了理查德的妻子米芙。米芙·利基接过了由理查德发起的图尔卡纳湖发掘计划的接力棒，并且毫不逊色地发掘出了大

路易丝·利基和米芙·利基

路易丝·利基（左）和米芙·利基（右）正在延续第三代古人类学家家族的谱系

量化石。尤其是在 1999 年，她发现了距今有 350 万年历史的新人类化石——肯尼亚平脸人，震惊学界。接棒米芙·利基的人是她的大女儿路易丝·利基。路易丝·利基出生 2 周后就开始在非洲平原度日，在伦敦大学取得古生物学博士学位后，现在和母亲米芙·利基一同在图尔卡纳地区指挥发掘工作。

米芙·利基和路易丝·利基的研究团队在肯尼亚古

人类遗址库彼福勒出土了被推测为人类祖先的化石，并宣布："分别于 2007 年和 2009 年在库彼福勒发掘出的古人类下颌部位等面部骨骼（化石编号 KNM-ER 60000、KNM-ER 62000 等），经分析确认，与人类祖先鲁道夫人为同一物种。"鲁道夫人会直立行走，并且脑比类人猿大

很多。1972 年由理查德最初开始挖掘，之后米芙和路易丝继续挖掘的化石，确立了鲁道夫人是最古老的人属物种之一的地位。

利基研究团队发现的鲁道夫人成为推翻人类起源现有观点的重要契机。在那之前，认为人类进化过程是从能人到直立人，再到智人的单线进化论占据优势地位。单线进化论认为，一个物种灭绝后会出现另一个物种延续它的历史。但米芙和路易丝的发现，为认为人类祖先中有多个种族在同一时期生活在同一地区的多线进化论提供了证据。事实证明大约 200 万年前，能人、鲁道夫人和匠人三个物种都生活在现在的肯尼亚地区，其中最能适应自然环境变化的一个物种生存下来延续了人类历史。

从第一代路易斯·利基到第三代路易丝·利基，利基家族三代人凭借对非洲化石研究的热情走上了同一条道路。这是因为路易斯和玛丽夫妇把自己的骄傲与自豪、毅力与耐心传给了他们的后代。多亏利基家族在 100 多年里坚持不懈地寻找古人类的痕迹，我们才能跨越数百万年的时间与祖先见面。我们的祖先和其他动植物一样，跟随自然选择原理适应严酷的环境，从而实现进化，又因为偶然的变异，多个物种分化出来又灭绝，不断反复，才能将谱系延续至今。

路易斯·利基与珍·古道尔

在诞生了最初人类的非洲，陪在路易斯·利基身边的，还有另一个人，那就是珍·古道尔。年轻又热情洋溢的她找到正在研究人类起源的路易斯·利基，成为他的秘书。珍没有接受过大学教育，路易斯在对她的研究进行仔细指导的同时，自然而然成为她的老师。

路易斯一生都致力于研究古人类的足迹，他认为人类既然分化自灵长类动物，那么在与人类最相似的黑猩猩身上一定能找出人类进化中最重要的行为。他觉得珍虽然没有学历，也不是专家，但她是最适合研究黑猩猩的人。之后的很长时间里，他都在努力为珍解释研究主题，让珍对研究产生兴趣。最终，她从出土化石的非洲奥杜威峡谷去往了黑猩猩的居住地——坦桑尼亚。

珍的研究出色到出乎路易斯的意料。她从黑猩猩的行为中发现了人类行为的根源，并且成为保护黑猩猩等濒危动物的带头人。

路易斯·利基（左）与珍·古道尔（右）

我们是连接在一起的"杂种"

听到"我们"这个词，你会想到谁呢？相信一定会有家人、朋友等各种答案，但大多数人想到的都是自己周围的人。可是如果仔细了解人类起源和祖先，我们会反问自己："'我们'的范围究竟是什么？"

大多数人类学家认为我们的遗传基因大部分都来自智人，而所有智人女性的DNA都来自非洲的那位共同母亲，这是分子生物学主张的起源故事。这个故事延续了20万年，留下"我们是同一位母亲的后代，也是亲近的亲戚"这一信息。

当然人类文明如彩虹一般五颜六色，孕育了多朵文化之花。文化是一种生活方式，不是由某一个人创造，而是从过去到现在的无数社会成员，他们拥有的知识或智力活动的总合，在长久的岁月里不断累积、不断变化、不断完善的结果。中国、日本和韩国的主要人口都属于黄种人，但都创造出了各自的文化；美洲原住民在身体结构上几乎没有差异，可不同地区的部落形成了完全不同的部落文化。这种文化多样性也是经历无数曲折生存下来的智人的特征。

智人迁徙到非洲之外的未知土地后，为了解决在陌生环境里遇到的问题，付出了无数努力。他们形成了群体并

相互合作交流，与远处的群体见面，表达善意，并进行交易；他们相互分享重要信息和有关危险事物的知识，悄悄诉说自己的想法和感情，用绘画表达自己的梦想、未来和想象；他们照顾老人，倾听老人的故事，并关注孩子们的才能；他们制作出需要的工具，烹饪食物，制作衣服，建造有火炉的房屋，雕刻雕像；他们学会适应自己居住的自然和社会环境，根据生存所需放弃无用的习惯，增加新的生活方式，创造出自己独有的文化。尽管解剖学结构上的进化速度缓慢，但文化的进化速度十分快。在这种多样性的基础上，智人让自己更像人类，最终孕育出了人类文明。

在1万年后的21世纪，我们的生活是怎样的呢？因不理解其他文化而贬低对方、批判对方，从而引起纠纷，甚至发动战争；在老龄化社会里，年轻人与老人产生隔阂，老人被驱赶至社会边缘；因性别、宗教和思想矛盾而相互厌恶，残忍的暴行和杀人等暴力行为肆意发生；因政治立场不同而相互中伤，富愈富、穷愈穷，贫富差距越来越大；万事以自己所在的群体优先，看轻其他群体，这种态度还创造出了殖民地文化：改造被殖民人民的文化甚至宗教，以开发计划的名义破坏原住民文化，这种事例数不胜数。就这样，矛盾与不信任造成的隔阂越来越深，地球村各处都在发出痛苦的呐喊。

人类共同面对的问题还有环境污染、资源枯竭、水源不足、自然灾害、传染病、难民和出生率低下等。北极冰川融化、石油枯竭、水源短缺、气温异常、地震和海啸等大灾难，以及新出现的病毒夺走人类生命，政局不安使得数百万人流离失所。

　　这些问题不是凭借某一个人天才般的想法就能解决，或是能一次性解决的，而是需要全世界人民团结一致，对各阶段情况进行合作分析，再寻求方案，共同解决问题。我们的祖先将一些特性传给我们，使我们能够良好地沟通、具备同理心和进行大规模合作，我们通过集体学习积累并发展前人的经验，将文明发展壮大。我们应该在遗传自祖先的特性的基础上解决人类的共同问题。这种统合也许会从"我们是连接在一起的"这一想法开始。

由人类野心编织的骗局——皮尔丹人

　　在 20 世纪初，有关古人类的研究十分活跃，世界各地都传出挖到尼安德特人和智人化石的消息。但英国作为进化论的起源国，领头位置却被法国占去，这是因为克罗马农人等保存状态良好的古人类遗迹都是由法国发现的。

　　1912 年，有人在英国皮尔丹的某个碎石厂发现了古人类头骨和下颌骨。几个月后，地质学家阿瑟·史密斯·伍德沃德和业余考古学家查尔斯·道森宣布在这块化石同时具备类人猿和智人的特征。皮尔丹人下颌臼齿磨损得很平坦，这是类人猿所不具备，只有人类牙齿才具备的特点。解剖学家格拉夫顿·埃利奥特·史密斯进行分析后，发现这块头骨所处进化阶段明显属于智人，但下颌和面部又有类人猿的特征。他

皮尔丹人发掘现场

位于皮尔丹人发掘现场的考古学家们

还通过遗骨周围的动物骨骸，推测皮尔丹人的生活时期在 37 万年前。

1915 年，查尔斯·道森在距皮尔丹人遗迹 3.2 千米的地方，新发现了两块头骨碎片和一颗臼齿，据推测也是皮尔丹人，于是将其取名为"皮尔丹人Ⅱ"。就这样，皮尔丹人在古人类学界引起了巨大波澜，被

皮尔丹人头骨

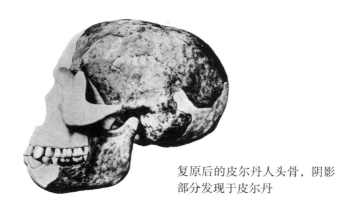

复原后的皮尔丹人头骨，阴影部分发现于皮尔丹

认为是最古老的智人化石。

在帝国主义时代，西欧人并不乐意承认最初的人类起源于非洲这个假说。因此在英国发现了最古老的智人化石这一消息，不仅让英国人，而且让许多其他欧洲人倍感骄傲。

在这种气氛下，部分学者依然对皮尔丹人产生了怀疑。他们的疑惑是：皮尔丹人的头骨和智人很像，但下颌和下牙却与类人猿太过相似。全世界发现的古人类化石中，从未有过以这种方式将智人与类人猿的特征相组合的前例，原型保存完好的古人类化石都无一不是呈现出不同于类人猿和智人的另一种形态。这么一来，皮尔丹人反而成为调查现代人与古人类关系的绊脚石。

1953 年，皮尔丹人是一场骗局的惊人事实被揭露。通过氟年代测定法进行分析的结果显示，头骨来自 600 年前的人类，颌骨来自猩猩。为了做出年代久远的效果，造假者对骨头进行脱色，人为地把牙齿磨出磨损的效果。不仅如此，在皮尔丹遗址发现的其他动物化石也是从突尼斯等地带来埋进去的。

这场荒唐的骗局是如何在约 40 年里都没被发现呢？其中有当时科学技术水平落后的原因，还有一个原因是当时参与发掘工作的人无一不具有华丽的履历，足以掩盖背后的真相。主导发掘工作的查尔斯·道森身边有大英博物馆的古生物学家兼地质学负责人伍德沃德、《夏洛克·福尔摩斯》的作者柯南·道尔和解剖学家阿瑟·基思等 25 名知名人士。真相揭露时，查尔斯·道森被指认为主犯，但出于之后的种种情形最终还是将他归结为骗局的受害者。查尔斯·道森在发现皮尔丹人4年后死亡，大部分与这一事件有关的人都已经成为历史，因此未来要完全揭露这一骗局的始末依然很困难。美国《时代》杂志将这一事件选为代表20世纪的25件犯罪事件之一，并评价其为英国寻找最初人类起源的野心造成的旷世骗局。

从大历史的观点看"最初的人类"

所有事都有最初，我们会记得最初的电脑、最初的汽车、最初周游世界的人和最初登上珠穆朗玛峰的人。最初是指一种前所未有的事物给周围带去了多种影响。大家可以想一想智能手机的问世给我们的生活带来了多大的变化。

大历史中，我们现在生活的这个时期被称为人类世，意味着这是一个人类影响力遍布全球的时代。在人类世之前，人类只是作为地球生命体之一，主要是受到环境的影响，但经过工业革命，人类开始对环境产生巨大影响。那么足以成为地质时期的名字、发挥着重要作用的人类是何时、在哪里出现的，又是人类的什么特征引起了这些变化呢？这是我们需要了解的。

开篇我们讲述了人类在生命谱系中的位置。根据现

行的分类方法，我们属于动物界-脊索动物门-脊椎动物亚门-哺乳纲-灵长目-人科-人属-智人种。地球上生存的所有人类都属于智人种，因此所有人在遗传上几乎是一样的。

学者们通过追踪我们体内的线粒体，找到了最古老的直系祖先。她是最初的智人，又被称为线粒体夏娃，于20万年前出现在非洲，她的后代们则离开非洲分散至全世界。

当时，智人不是地球上唯一的人类，直到4万年前，还有尼安德特人及弗洛里斯人等其他种族的人类与智人共存。但是为什么最后只有智人生存了下来呢？究竟是智人的某种特征让我们存活到现在，还是因为他们不断引起巨大变化，创造出大历史的转折点之一的文明，我们对此进行了探讨。

数万年来，人类通过大规模合作构成社会并存活至

今，在全球范围内进行了无数交易（交换）。通过集体学习以语言为中心传递信息，使得出色的智力能力、尖端技术和创新文化得到发展。智人开始显露出这种人类特征是在 7 万年前。在冰期和超大型火山爆发造成的恶劣气候环境中，智人为了生存培养出了这些能力。

与他们生存时期相同的尼安德特人尽管体格和脑都更大，却不会使用语言，也不会制作复杂工具和进行远距离交易，小规模的群体只专注于如何在环境中生存下来。于 40 万年前出现，延续了 36 万年的尼安德特人，最终于 4 万年前灭绝。

当然这些变化不是在智人时期突然出现的。在更早之前，人属的其他古人类为适应环境而尝试的新行为不断积累，造成了身体、精神和文化方面的变化。

600 万年前，从树枝上来到地上的灵长类动物，与其他类人猿不同，开始用双腿直立行走。与其贪图在树枝上生活的那一点好处，他们选择跟随快速变化的环境，开始到地上以新的方式生活。

出现在人属之前的南方古猿属在身体构造上与类人猿十分相似。除了直立行走这个特征之外，很难再找出别的区别。在用双脚行走的数百万年间，双手自由的他们开始对工具产生兴趣。最初只停留在像黑猩猩或倭黑猩猩一样使用树枝和石头的水平，到 250 万年前，能人开始正式制作并使用工具，不是单纯利用周围的石头，而是开始将石头打磨成工具使用。

出现于 190 万年前的直立人用火维持体温，肉食向逐渐变大的脑提供所需能量。直立行走以后，脑容量的增大可以看作人类的独有特征得到了开发与发展。20 万年前的智人正是因为从祖先那里继承了这些能力和特征，才得以实现大飞跃。

这段旅程到达某个地方后，就会出现"我是谁"这个问题。我，我们究竟是怎样的存在？每个人的回答不尽相同，但从大历史的观点来看，我们并不是比其他动物更加特别的存在，甚至论及体力的充沛、牙齿的尖锐和奔跑的能力，没有一个是突出的。我们只是能用双腿行走罢了。但我们生存了下来，在自然选择的无情规则中，我们战胜了所有不利条件，成为现在对整个地球都有着巨大影响力的强大存在。

最近，世界各地都出现了难以解决的问题，例如因恐怖袭击和局部冲突，大量难民失去家园，被逼入绝境；人类为满足需求而大范围破坏环境，以及因此导致的气候变化等。不仅是人类社会的问题，环境也在可怕并残忍地动摇我们的生活：地震与台风可以瞬间吞噬我们的日常生活，被污染的环境逐渐扼住我们的咽喉。这种时候若是像尼安德特人一样只顾自身周全，我们或许也会走上灭绝之路。那么大历史能成为我们的解决方法吗？

大历史不会提供新鲜惊人的知识，或是最终的解决方案，但我们理解了自己是怎样的存在这件事，会成为我们未来生存的里程碑。

我们现在来到了大历史的第七个转折点。最初的人类是谁？从露西到人类祖先中唯一存活的智人，这个故事跨越了 600 万年。面对灭绝危机，人类不是选择孤立，而是选择一起生存，这也意味着共享信息、分享情感、合作共赢等人类独有特征已经深深烙印在我们的遗传基因中。

当然观点不同，态度也会有所不同。不以肤色、外貌、语言和文化差异区分彼此，而是从我们有一位女性共同祖先、是有着几乎相同的基因的同一个种族的成员的角度来看，结果会如何呢？找到与对方相似的地方，我们就能用善意代替对立。只要我们决心和同一物种的人们、不同物种的动植物共存，我们的选择和行动就会改变。正如蝴蝶扇翅引起台风的蝴蝶效应一般，每个人心中的小小变化最终会带来惊人的结果，就像类人猿从树上下来迈开的第一步造就了人类文明这一巨大变化一样。

2016 年 12 月

金幼美 朴素英